JN185683

大学数学ほんとうに必要なのは『集合』

SET

Yoichi Okura
大蔵 陽一

数学なんでも相談所
YOROZU屋

はじめに

　本書を手にとって読んでいただいている方は少なからず「大学数学」という分野に興味があることでしょう。大学数学では何を勉強するのか？ という質問をぶつけられることがよくあります。一言で答えるなら「**集合**」ということができます。なぜならば、数学のすべての話題は集合を使って構成されているからです。ということは皆さんが今までに勉強してきたすべての算数、数学は集合を使って説明できるということです。大学数学ではできるだけ根源的なところから、飛躍することなく学んでいく必要があります。これは「公式を覚えて問題を解けること」よりも「その公式がどうして出てくるかを理解すること」に重きをおいて勉強していくということです。そのベースの理論が集合なのです。ですから、大学数学を勉強するためには集合がどういうものか、そして集合がどのように数学の対象として姿を表すかを一度学んでおくと、数学を集合で捉えるという姿勢が身につき、大学数学を学ぶのにとても役立ちます。そして発展的な数学はその集合における**構造**がどのようなものであるかに注目して勉強していきます。本書では「構造」というワードが何度も出てきます。数学における構造とは何か？ を理解することを最終目標にすると本書を読んだ実感が湧くと思います。

　「真理を自分自身で確認し理解すること」が「数学を習得すること」の必要で十分な条件です。高校数学までは計算問題をスムーズに解くことを要求される機会が多く、一つの概念についてゆっくり考えることよりも計算！計算！！とわけも分からず Σ や $\int$ と格闘したという方が多いようです。大学数学ともなるとゆっくり、深く考えることが必要になります。しかし

はじめに

独りで数学をゆっくり勉強する方法や考え方が身に付いている方はあまりいないのが現状ではないでしょうか。他の数学の専門書を手にとり今まで勉強してきた内容とのギャップを感じた、という方もいらっしゃるでしょう。そんな方には本書は**他の数学書を学ぶときにスムーズに内容に入っていくための数学的スキルと知識の獲得**においてお手伝いができます。また、未だ大学数学を具体的に勉強されたことがない方で大学の数学に興味がある方には、本書は大学数学の一冊目の参考書として使えるとともに、3章で大学数学の分野がどのようになっているかを紹介していますので、今後の進路選択をサポートできるでしょう。

本書のテーマは**独学者、初学者のサポート**です。本書はズバリ「集合」という分野にフォーカスしていますが、集合を学ぶことを通して数学を受け入れる姿勢も学んでいけるような構成になっています。そのために0章に数学を学ぶときの心得を用意し、どのように考えて学んでいくのかを記しました。そして高度な数学的な知識がなくても大学数学の核の部分を学ぶことができるように、つまり集合を学ぶことができるように、準備段階として論理式の章を設けました。論理式は普段使っている考え方から生まれていますから日常会話をベースに理解していけるようにしています。この論理式の章はウォーミングアップの意味も持ち、普段意識していないことが盛りだくさんで楽しく読めると思います。本書のみで完結するようにかいていますので論理式の章を読んでから集合の章に進んでもらいたいと思っています。そして集合の章では特に一文一文を大切にかき上げたので、分かるまで読み砕いていただき、構造とは何か？ この質問の答えにたどり着いていただきたい、そう思っています。

本書をかくことになったのも自分自身の経験が大きいと思います。高校数学を学びながらもっと奥深いところが知りたいと思っていました。そしてその答えは大学数学にあり、今まで勉強してきた数学を包括するような理論が存在していたことに数年かけて気付きました。もっと早く、入り口

の段階で進む先の霧を払うことができれば道を見失う方も少なくなるのではないか、という考えから本書を作成することとなりました。本書は様々な方のお力をお借りして出版することができました。ベレ出版の坂東氏には本書を手に取る方にとってどのようなものがいいか教えていただき商品にすることができました。また、ベレ出版からも本を出されている石井俊全先生には執筆する上での心得を教えていただきモチベーションを保つことができました。全体の内容は小山拓輝先生、中嶋哲也先生、3章の分野紹介は手塚勝貴先生に見ていただき、私の至らない部分の指摘を受けなんとか読めるものになったと思います。そしてこの大切な出会いをいただいた和から株式会社さん。一人では決してたどり着くことはできなかった場所だと思います。関わっていただいたすべての方たちに感謝します。

大蔵陽一

目次

はじめに ……………………………………………… 3

Chapter.0 数学を勉強するときの心得 —— 13

① 似ているという感覚 ……………… 14

② 少しヤな人になる ………………… 17

③ 普段の言葉で言い換えができるか …… 19

④ 例を出してみる …………………… 21

⑤ 目標に直進する …………………… 23

⑥ 推測しながら進む ………………… 25

⑦ 前に戻る …………………………… 26

Chapter. 1 論理式 — 29

① 公理、定義、定理とは?? …… 30

② 命題論理の基礎 …… 37

③ 命題関数 …… 41

④ 記号化せよ …… 43

⑤ 命題の否定 …… 48

⑥ "かつ" と "または" …… 51

⑦ ならば …… 57

⑧ 逆 …… 65

⑨ 裏 …… 71

⑩ 対偶 …… 74

⑪ 同じ意味とは …… 77

⑫ 証明 …………………………………… 85

⑬ 述語論理 ……………………………… 99

⑭ 全称記号、存在記号 ………………… 101

⑮ 全称命題、存在命題の否定命題 …… 116

Chapter.2 集合 ——————— 123

① 集合とは？ …………………………… 124

② 集合同士の関係 ……………………… 128

③ 集合が集合に含まれるとは ………… 140

④ 集合が等しいとは …………………… 144

⑤ 集合族 ………………………………… 148

⑥ 冪（べき）集合 ……………………… 152

- ⑦ 商集合 ……………………………… 158
- ⑧ 直積集合 …………………………… 171
- ⑨ 写像 ………………………………… 174
- ⑩ 写像の性質 ………………………… 183
- ⑪ 写像の合成 ………………………… 196
- ⑫ 数学の構造的視点 ………………… 202

Chapter.3 大学数学の各分野 ……… 239

- ① 解析学 ……………………………… 240
  - ● 初等微分積分学　240
  - ● 多変数微分積分学　242
  - ● 複素関数論　243
  - ● ルベーグ積分　244

- 関数解析学　246
- 確率論　248
- 微分方程式論　250
- 線型代数学（前）　253

② 代数学　253

- 線型代数学（後）　255
- 群、環、体論基礎　256
- ガロア理論　257
- 初等幾何学　260

③ 幾何学　260

- 微分幾何学　262
- 多様体論　264
- 位相幾何学　266
- 数理論理学（数学基礎論）　268

④ その他の分野　268

- 集合論、位相空間論　269
- 整数論　271

- ●情報数学　　272
- ●数理統計学　　274

付録：記号表

- ●ギリシャ文字　　277
- ●よく使われる数学記号　　279

おわりに……………………………………281

索引…………………………………………284

Chapter. 0

数学を勉強するときの心得

まずは、「数学ってどう考えればいいの？」「数学が分かる人はどう考えているんだろう？」と思っている方のために勉強するときの心得を挙げたいと思います。立ち読みでもここの章だけは読んで帰ってください！ これらを習得して実践することができれば、今までと違った感じ方で勉強できると思います。極端にいうとこのように考えることができないと大学数学はただの暗い獣道になってしまいます。

1 似ているという感覚

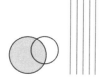

例えば

　足し算は足す順番をひっくり返しても計算結果は変わらないという事実があります。

　「あなたと私」といっても「私とあなた」といっても意味は同じという事実もあります（心理学的には違う!! とおっしゃる方もいらっしゃるかもしれません…）。この二つの事実はどこか**似ていませんか？** 似ている！ と思った方はすでに数学で必要な考え方を持っています。おそらく

足し算の"＋"

と

言葉の中の"と"

"計算結果が変わらない"という部分

と

"意味は同じ"

の部分が対応していると考えられたかと思います。これは「構造」に注目したために気付けたのです。これを数学を勉強するときに持っていただきたいと思います。ではいったいどうやって数学で今と同じように構造に注目していけばいいか？ というと、次のように考えます。例えばかけ算に関しても次のことがいえます。

かけ算はかける順番をひっくり返しても計算結果は変わらない

これははじめに挙げた足し算の例にとてもよく似ていますよね。ですから次のような予想が立てられます。

足し算もかけ算も同じような構造になっているんじゃないか？

これを考えるために足し算とかけ算の両方に内在する構造を考えていこう、となるわけです。こうやってより抽象的に考えているのが数学なのです。

ちなみに数学書ではこのような発想や着想するまでの流れを省いているものが多く（ページ数の問題や大切なのは数学的事実であるという考えが原因と考えられます）、いきなり「定義」とかかれているものに拒否反応が出てしまう方も多いようです。数学の理論は例えると"塔"です。出来上がった塔を見ると綺麗に整って見えますが建設に至るまではたくさんの設計図や建設するための道具があったことでしょう。それを我々が見ることはあまりないと思います。このように数学の理論を作るときには膨大な量の設計図や道具を用いていることが多いですが、発表するときにはシンプルな形にしてしまうことがよくあるのです。

数学者でさえも初めて足し算という概念を理解した時に、具体的に $1+3$ を $1, 2, 3 \cdots$ と指折り数えていたと思います。計算結果を出すことを考えず、概念として実数上の2項演算と捉えていた人はいないでしょう。

つまり具体的なものからスタートするのが普通の流れなのです。ですからその順序が狂うと拒否反応が出てしまう方がいるのもまた普通の流れなのではないでしょうか。このことを知っておけばいきなり抽象的に始まる数学書に出会ったとしても「あぁ自分が知っているもので何か似ているものはないかな？」と考えてみることで打ちのめされることは少なくなるでしょう。そして本書ではなるべく抽象概念が日常生活に結びつくように例を豊富に説明していくので安心して読み進んでいただけるでしょう。

数学は何をしているか？　というと「一般化」をしています。「一般化」

というのは概念や主張自体を広げて考えているのですが、広げる前の概念や主張も含む形で広げたとき「概念（主張）A は概念（主張）B を一般化した考え方だね」などといいます。例えば、数学でいうと

「n 角形の内角の和は $180(n-2)$°である」
という主張は
「三角形の内角の和は 180°である」という主張の一般化の一つである。

といえます。日常生活でいうなら、

「丸いものを机の角のほうに置いておくと机から落ちてしまう危険性がある」
という概念は
「野球のボールを机の角のほうに置いておくと机から落ちてしまう危険性がある」
という概念の一般化の一つである。

といえます。これを「一般化」と呼びます。

　当然、一般化は一つだけではありません。このように概念を広くしていくことを数学者はおこなっています。広くすることで適応できる範囲がより広がるからです。

　その広くする過程や広くした後に発生する様々な問題を解決することが研究の一つといっていいでしょう。この側面が理解できれば、「なぜ数学はわざわざこんな難しいかき方をするのか？」という疑問はなくなるでしょう。

2 少しヤな人になる

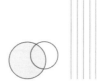

　数学をやるためには、性格まで変えなければいけません。…というのは冗談で、少しヤな人になるというのは「使う言葉が意味するところを厳密にする姿勢が必要」という意味です。これが超厳密になると

　　A「明日の昼頃に学食で会おうよ」

　　B「明日っていうのはいつからいつまでのことをいうんだい？ 昼頃というのはどれくらい幅があるものか分からないし、学食というのは君と僕が通っているこの学校のかい？ 学食と一口にいっても広いから具体的に場所を指定して欲しいな。全てが明らかになったら君の本来の提案に答えるよ」

　　A「……」

となってしまいます。多少オーバーでしたがこういう姿勢は数学では適度に必要で、厳密に言葉を使うことで数学を理解することに一歩近づきます。
　例えば数学では「関数の最大値」についてこんな間違いがあります。関数は数に対して数を対応させる規則（後に違う定義もやりますが）のことで、関数には定義域と値域というものがあって次の図のことでした。

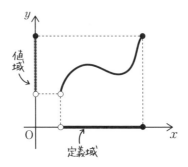

　この関数の最大値とは**値域の中で一番大きい値**のことをいいますが以下のように

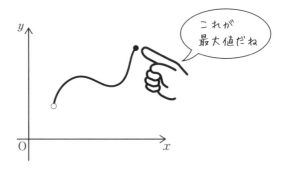

といってしまうことがよくあります。指差した「これ」は点であり、最大値は値域の中で一番大きい値であって点は値ではありませんから厳密には間違ったことをいってしまっています。このように最大値の「定義」にある意味を広すぎず狭すぎずピッタリ受けとって理解しておく必要があります。こういった言葉の違いが後々大きな過誤を生み出すこともあるので注意が必要になるのです。これがうまく日常生活の中で活かすことができれば、会議等で話し合っている際、各々の理解しているものが違って話が進んでしまう、なんてことは起こりにくくなるでしょう。そして言葉を厳密にすることと同様に次の節のような姿勢も数学の理解に必要になってきます。

3 普段の言葉で言い換えができるか

　文章は言葉の並び、文字列と捉え、それをそっくりそのまま覚えてしまえばノートなどに復元することはできます。しかしそれでは理解したことにはなりません。そこでセルフチェックとして**その概念を普段の言葉で言い換えてみる**ということが有効になります。そうすれば否が応でも自分が獲得している概念を組み合わせて文章を作ることになりますから自然と内容をしっかり理解するようになります。形式的に理解しているだけで数式など計算はできるが何をしてるのか分からないということはよくあります。例を見てみましょう。

> 「次の不等式を解け」
> $x^2+3x-5 > -7$

(解答)

$$x^2+3x-5+7 > 0$$
$$x^2+3x+2 > 0$$
$$(x+1)(x+2) > 0$$
$$x < -2,\ -1 < x$$

　これは高校数学の2次不等式の問題です。問題をパターンや記憶した解法に当てはめて計算していき何とか計算はできるし、なんとか同じような問題は解けるようになった、というのが形式的な理解です。当然パター

ン演習が必要な試験対策などで効率化を図るのであればいいのかもしれません。しかしそれだけで本当に理解しているといえるでしょうか？ そんなときに是非トライしていただきたいのが「日常言語で言い換える」ということです。びっくりするような角度から言い換えるのではなくて数式→日常言語で言い換えてみるということです。言い換えとして次のように捉えてみるとよいでしょう。

> 「$x^2+3x-5>-7$」という2次不等式は
> 「$y=x^2+3x-5$のグラフが-7より大きくなるのはxがどういうときか？ を求める問題である」

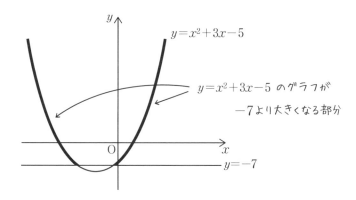

このように言い換えることで何をしているか意味が分かり、問題を、そして状況を理解したように思えるのではないでしょうか。ただ、意味が分からなくても計算ができてしまっている。これはとても怖くないですか？ そして、今までそうしてきた経験はないですか？ 私はあります。ですが意味も分からず計算をしている最中にそのことに気付いています。そういうときは必ず後に言い換えをしてみることで理解に繋げています。

4 例を出してみる

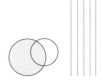

　数学ではある事柄を表現したものが非常に抽象的に感じられるということがよくあります。なぜそうなってしまうかというと、式や記号による表現に慣れていないので、式を見てすぐ意味をリンクさせるということができないから、と私は考えています。そんなときは具体的な何かを例に出してみることをオススメします。例えば次のような主張があったとします。

　　　全ての実数 a,b に対して、$a \times b > 0$ ならば $a+b > 0$ である。(0.4.1)

　ここで例を出してみるというのは、a, b に具体的に数を当てはめてみるということです。

　　　「$a=2, b=3$ としてみると 2×3 は $=6$ で、$6>0$ になっている、このとき確かに $2+3=5$ で $5>0$ だなぁ」

　　　「$a=1, b=100$ としてみると 1×100 は $=100$ で、$100>0$ になっている、このときやっぱり $1+100=101$ で $101>0$ だなぁ」

というようにいいたいことが具体化されるとともに事実が確かめられます。…待ってください。挙げた 2 つの例だけで (0.4.1) が正しいと確かめられたでしょうか？ お気付きの読者もいると思いますが具体化されるのはとてもいいことですが全てを尽くしているわけではないので大きな見落としをしてしまう可能性があります。例えば今の例でいえば、

$$a = -1, \ b = -2$$

としてみると、かけると 0 より大きくなりますが、足しても 0 より大きくなりません。このようなウィークポイントもありますので、あくまで参考程度に具体例を考えてみることが大切です。こうすることで抽象的な表現がより身近に感じられるでしょう。

5 目標に直進する

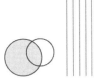

　数学的に問題を解決する際にはまず定義を明らかにし、問題を解決するためには何ができればよいか？ を数学の言葉（関係式）で表現し、それを数学の問題として解くことが必要になります。

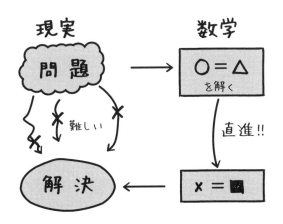

　最も陥りやすいのが数学の問題として表現した後に考えの道筋がくねくね曲がってしまうという問題です。こんなときは「目標に突き進む」ように思考していくことをお勧めします。例えば次のような問題を考えてみましょう。

---問 題---
10カラットのダイヤモンドを床に落としてしまい7カラットと3カラットの2つの塊に割れてました。損害はどれくらいだろうか？

これを数学の問題に帰着させると、

> ダイヤモンドの価値 y（万円）は重さ x（カラット）の2乗に比例して
> $$y = 2x^2$$
> という式が成り立つので、損害を出すためには割れる前の価値から割れた後の価値を引けばよい。つまり
> $$2 \times 10^2 - (2 \times 3^2 + 2 \times 7^2) \tag{0.5.1}$$
> を計算すればよい。

となるでしょう。さて、この式 (0.5.1) を計算することで損害がどれだけか？ ということが分かるわけなので、計算問題をただ解けばいいのです。このときに「**式 (0.5.1) を解くことだけを目標にして突き進めば問題が解決する**」ということを念頭においてください。極端な話が、計算途中に出てくる数が何であるか、例えば 3^2 や 7^2 が何を表すか？ などは目標から外れてしまいますから考える必要は全くありません。足し算、引き算をすることだけに力を注げばよいのです。なかなか癖づけるのは難しいですがこの直進型の思考を身につけることができるとよりよく数学を学ぶことができると思います。

6 推測しながら進む

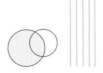

　我々は会話をするときに、言語、話のスピード、声の高さ、話の状況、オチ、等を予想しながら話していることはよく知られています。それがよく分かるのが、どれかの要素が急に変化したとき、例えばなんの脈絡もなく言語が日本語から流暢な英語に変わったとき、聞き手は日本語が続くと思っていますから「え？ もう一回言ってもらえる？」となってしまいます。このことから我々が会話をする際にいろんな要素を推測して進めているということがよく分かると思います。

　数学の文章を読む時も同様で「この先はこうなるだろう」ということを予測しておく必要があります。例えば「**単位ベクトル**とは…」と文章があったとき、頭の中で単位ベクトルとはどのようなものかある程度想像しておくといいのです。

- 「単位」という言葉と「ベクトル」という言葉に分けられるのだろうか。
- 単位とは何だろう。何かの基準になるのだろうか。
- 単位ベクトルとは何か分からないけれど、ベクトルであるだろう。

などです。予想は外れてしまっていても構いません。予測をして、それが合っていたか確認することができれば次に繋がるのです。このように読み進めていくと数学の文章の傾向がつかめたり、逆に自分の予想の傾向がつかめたりします。

7 前に戻る

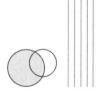

　ここまで読まれてもうお分かりの方もいるかもしれませんが、数学ではある言葉がどのように決められているかが大切です。それを忘れてしまったり曖昧になってしまったら**必ず前に戻る**べきなのです。会話をしているときでも一方が定義を理解していないといろいろなところで不都合が出てしまいます。このようなことが起こらないようにするためにはつじつまが合わなかったところで相手に単語の定義を聞き直すべきでしょう。数学を勉強する上ではこんなことが起こらないようにしたいものです。そのために、面倒かもしれませんが索引などを使って、その都度戻って道を修正していくのがいいでしょう。

　数学の本を読むとき、一度ですべてを理解できることはまずないと思っています。だから、質問をしたり思案したり、読み直したりする必要があるのです。

　もう一度いいます。一度で全ては、分かりません。
　最後にまとめておきましょう。

似ているという感覚
少しヤな人になる
普段の言葉で言い換えができるか
例を出してみる
目標に直進する
推測しながら進む
前に戻る

　ここで挙げたのは数学を抵抗なく勉強している方が自然とおこなっていることです。今までできていなかったからといって落胆する必要は全くなく、人それぞれ自然とできることとできるまでに時間がかかることが存在するはずですから、このタイミングで身につけて大学数学に入っていくことができることを喜びましょう。

論理式

　我々は日常会話をするときに自然と"あるルール"を暗黙の了解としています。数学ではその会話のルールさえも明文化します。そうすることによって揺るぎない一つの真実が生まれます。ここではそのルールを学び数学をやっていく基盤を作るとともに、普段の会話のルールなども顧みてみると日常的に使っていることが分かると思います。では一歩進んでみましょう。

1 公理、定義、定理とは？？

　数学を勉強する上でまず大切なのは必要な単語の定義を明らかにすることです。しかしいくら単語 A を単語 B で説明しても、ではその単語 B はどういう意味？　となります。そうしてどんどん問うていっても根源的な何かがあるわけではなく単語同士の関係にすぎず、結局は一人一人が獲得している単語の意味に依存してしまうので、厳密に絶対的な単語の定義をすることは不可能なのです。これに関しては数学はただルールに基づいた記号の羅列と考える立場もあり、とても興味深い学問体系を形成していますが、ここではこの本を読むことができる程度の言語を仮定して進めていきたいと思います。

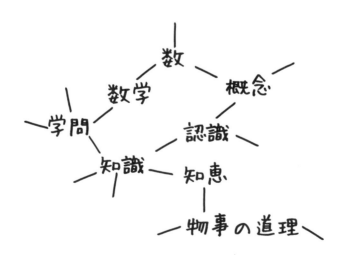

まず次の3つを見てください。

1. 「宇宙の始まりがあるという共通認識で話を進めていこう」
2. 「何でも知っていて何でもできる人のことを神っていうんだよ」
3. 「日本人は押しに弱いから押せば契約とれるんだ！」

この3つの違いが分かりますか？ これらは数学の文章を読む上でとても大きな違いがあります。それぞれについて数学ではどのようになるか例を挙げてみます。

1. 「2つの点が与えられたとき、その2点を通るような直線を引くことができることとする」
2. 「1以外の自然数で1とその数しか約数を持たないものを素数という」
3. 「素数は無限個存在する」

どうでしょう？ なんとなく違いが見えてきましたか？ それぞれについて解説していきたいと思います。

1. 公理

上の例の1.は数学では**公理**（**Axiom**）と呼ばれます。公理の意味は

理由なく正しいとする文章

のことです。数学は必ず一つ一つ理由があって事実がパンケーキのようにお皿に積み上げられていきます。積み上がったものは正しいと認められている事実で、それを使って新しい事実を積み重ねていく作業をします。で

すが一番下の事実をお皿に載せるときには認められた事実は何も無い状態です。そこで**無条件**でいくつか事実をおいておく。この無条件で認められた事実が公理です。また公理を一つだけでなくいくつか認めてお話を進めることもあります。このとき、いくつか集まった公理をまとめて**公理系**といったりして「この公理系を採用して進めようと思う」というような使い方をします。

とはいえ、数学書の中でも公理としてどのようなものを採用して進めるか厳密に記してから進めているものは多くなく"数学書を読む中での一般的な公理"を暗黙で認めて進めて、一般的な公理から外れるもののみ特記しているケースが多いようです。公理を全て知っていて数学書ごとにどれを使っているかチェックして進める必要はありません。読み進める上でキーになる公理は必ず載っているはずですので、そこで確認して進めていくとよいかと思います。30 ページにあるように本書では以下のような公理をまず定めていました。

> 公理 1.1.1
> 読者は日本語の文章を理解できるものとする。

2. 定義

2. は**定義**（**Definition**）と呼ばれるものの例です。先ほどから何度か定義が大切といっていましたが、やっとその定義の定義をすることができます（混乱してきました）。定義の意味としては次のように捉えておきましょう。

> 議論を進めるために人が勝手に作った取り決めを記した文章

主に使う言葉を取り決めます。使う言葉を取り決めておかなければ各々が違う世界に迷い込んでいってしまいますよね。そうなると内容について会話することが非常に困難になってしまいます。定義について気をつけたいことは「同じ言葉でも本によって定義が異なる場合がある」ということです。例えば次の二つを見てください。大学数学の内容を含みますので読み飛ばしてしまっても構いません。

(i) $e = \lim_{n \to \infty} \left(1 + \frac{1}{n}\right)^n$ とし、e を底とする指数関数 $y = e^x$ を考える

(ii) $e^x = 1 + x + \frac{x^2}{2!} + \frac{x^3}{3!} + \frac{x^4}{4!} + \frac{x^5}{5!} + \cdots\cdots$ を考える

ほとんどの教科書は (i) の前半をネイピア数 "e" の定義として採用してその指数関数としての $y = e^x$ を考え、のちに (ii) の事実が認められることを示しますが、逆の順番で (ii) のように e^x とかく関数を先に定義しておいて、その定義のもとで $y = e^x$ は指数関数になっていることと、その底が $\lim_{n \to \infty} \left(1 + \frac{1}{n}\right)^n$ と一致すること、つまり (i) を確かめることができます。よく見受けられるのが (i) のようにネイピア数 "e" を勉強したことがあり、後者のように (ii) を定義とするような教科書 X に出会ったときに、その教科書 X でのネイピア数 e の定義が何かを明確にしないで、

> e は
> $$\lim_{n \to \infty}\left(1+\frac{1}{n}\right)^n$$
> であり
> $$e^x = 1 + x + \frac{x^2}{2!} + \frac{x^3}{3!} + \frac{x^4}{4!} + \frac{x^5}{5!} + \cdots\cdots$$
> に $x = 1$ を代入したものでもある。

とまるで e の定義が 2 つあるかのように理解してしまう状況です。一つの対象について定義は一つしかありえないということをしっかり押さえておきましょう。こういうわけで、話し手の定義が何かを考えることはとても重要なことである、と分かっていただけたかと思います。

そして呼び名が大切なのではなく「対象そのものが何であるか」も大切です。先ほどのネイピア数 "e" を表す式を理解することよりもネイピア数の対象が何であるかを理解することの方が簡単です。実際ネイピア数は数です。式が分からなくても、数であるということが分かればそれは理解に一歩近づいている証拠です。公理と定義の明確な線引きが分かりにくいこともありますが[*1]本書では性質の約束事を「公理」、言葉の約束事を「定義」と呼んでいきます。

3．定理

最後に 3. です。これは**定理**（**Theorem**）と呼ばれるものです。定理の意味とは、

[*1] 私は「定義」は議論のパラメータ、「公理」は議論の "ハイパーパラメータ" だと考えています。しかし原稿を読んでいただいたところ「公理」は「多数の人が経験的に認める約束事」、「定義」は「経験はないが決める約束事」といった気持ちの面に由来するものである、という意見をいただきました。皆さんも公理や定義に出会うたびに考えてみてください。

公理から導き出され、定義された言葉のみで構成された正しいことが証明できる文章

のことです。数学の本で"定理"が出てきたときは、正しいことを、公理と今までに証明された定理を用いて証明しましょう。ほとんどの数学書は定理の後に証明が載っています。勉強するときはその証明を読んでおわりにせずに、腑に落ちるまで考えて、次へ次へと読み進んでみましょう。

例

定理と証明の例を挙げます。

> **定理 1.1.2**
> $0.9999\cdots = 1$ である。

証明

① $x = 0.999\cdots$ とする
② $10x = 9.999\cdots$
② - ① より
$9x = 9$
$x = 1$ □

※証明の最後には□をつけて証明が終わったことを視覚的にすぐ判断できるようにしています。

このように「〇〇は△△です」と主張したものが定理で、それがなぜ正しいか根拠を明らかにしたものが証明です。ただし上の主張を定理と呼ぶためには、$0.999\cdots$ と 1 がそれぞれ別々に定義されて、さらに公理や他に証明済の定理のみを使って証明される必要があります。というのも、使っている $0.999\cdots$ の "…" という表現は何を意味するのか明らかにされてい

ないと話を進めてはいけないからです。この証明を厳密にするには、定義に何を採用したか？ などを明確にしなければいけないので、準備が大変になってしまいますから本書では紙面の関係から避けることにします。興味がある人は数列の収束をもとに考えてみるとよいかもしれません。

さて、普段の会話の中で、この「定理」にあたるものをまるで公理であるかのように話すことはないでしょうか？ 定理は証明ができるはず、つまり正しいことが確認できるはずなのです。それをすっ飛ばしてまるで当然かのようにいってしまっては理解を得ることができません。この部分を意識して会話すると論理的に話をすることができるでしょう（「できます」というと証明しなければいけなくなるので止めておきます（笑））。

また定理の他に**補題**（lemma）、**命題**（Proposition）、**系**（Corollary）というものもあるので軽く触れておきます。

4．命題、補題、系

「公理から導き出され、正しいことが証明できる文章」の中でも特に大切かつ重要度の高いもののみ定理と呼び、そこまでには及ばない文章を**命題**（Proposition）と呼ぶことがあります（命題を他の意味で使うことがありますが、それは後述します）。「主に定理を証明するために補助的に使う文章」を**補題**（lemma）といいます。そして「すでに証明された定理から比較的簡単に導き出される文章」を**系**（Corollary）といいます。

数学書に出てくる定理、命題、補題、系は「証明が必要な文章」という点では同じと捉えておけばよいでしょう。

2 命題論理の基礎

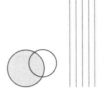

　さて実際に数学に必要な論理の勉強をしていきましょう。まず次の文章を読んでみてください。

著者の知り合いの S さんは可愛い。　　　　　　　　　　　(1.2.1)
100 メートル走世界記録を持っているのはウサイン・ボルトだ。　(1.2.2)

　上の二つの文章の違いはどこにあるでしょうか？　この二つの違いが数学とその他の学問の違いといっても過言ではありません。その違いとは、

　　　「誰が判断しても正しいか間違っているか判断できるかどうか」

という点になります。具体的に見ていくと、(1.2.1) は人によって「正しい」か「正しくない」か判断が分かれるところですね。だからこそ飲み屋で会話に花が咲くわけです。「ここは可愛いといえる点である」とか議論を交わしながら互いの感性も同時に高まっていくことだろうと思います。そういった会話では話に熱が入って盛り上がっていくのが想像できます。
　一方の (1.2.2) に関しては実際「正しい」のですが、これは 2016 年 8 月 31 日現在においては揺るぎない事実です。(1.2.2) については熱く議論するところではなく、真実は常に一つのはずなので事実確認をすれば「正しい」か「正しくない」かが「誰でも」判断できると思います。
　このように「一定のルールのもとで誰でも正しいか正しくないか判断で

きる文章」のことを**命題**といいます。先ほど36ページで「公理から導き出され、正しいことが証明できる文章」の意味で"命題"を使っていましたが、ここでの命題はもう少し広い意味で使っています。広い意味のとき数学では**広義**、狭い意味のときは**狭義**とそれぞれつけて**広義の命題**とか**狭義の命題**などという言い方をすることがあります。

> 定義 1.2.1（広義の命題）
> ある公理のもとで正しいか正しくないか証明できる文章を**広義の命題**という。

　この章で出てきた命題は「広義の命題」で、36ページで出てきた命題は「狭義の命題」になりますね。なぜ2つあるかというと、そもそも数学者は研究の際、「成り立つかどうか分からない数学の文章」を挙げて証明を試みてみたりします。このときその「成り立つかどうか分からない数学の文章」を命題と呼んでいます。その数学の文章は正しいか正しくないか判断できるという期待を持っているので命題[*2]と呼ばれます。結果的に研究発表の際には「成り立つ」という事柄が正しいか「成り立たない」という事柄が正しいか判断できたものだけを発表することになります。文章としては"「～が成り立つ」という事柄は正しい"とか"「～が成り立たない」という事柄は正しい"という表現で発表します。そこでも名前を変えず命題と呼んでその文章を扱います。この過程で出てきた2つの命題が、それぞれ広義、狭義の命題ですね。このようにして自然と意味が変化していると考えられます。まとめると、

---

*2　予想と呼ばれることも多くあります。

「正しいか正しくないか判断できる文章（**広義の命題**）」
を研究していき正しいと証明できた結果、
「正しいと判断できる文章（**狭義の命題**）」になる。

ということです。

> 例

> 「どんな自然数も 2 で割り切れる」という文章は広義の命題である。

なぜならば、3 は自然数ですが、2 で割り切ることはできません。よって「どんな」自然数も割り切れるとはいえないのでこの文章は正しくありませんね。正しくないと判断できるので広義の命題になります。

> 「この文章は正しくない」（…☆）という文章は広義の命題ではない。

広義の命題ではないということは客観的に正しいとも間違っているとも判断がつかないという意味ですね。それを確認していきましょう。もし☆が正しいつまりこの文章が正しいとすると「この文章は正しくない」という文章を信じるべきですが、この文章☆を正しいと考えた自分と矛盾してしまいます。つまりありえないということになります。

逆にこの文章☆が正しくないとすると「この文章は正しくない」という文章は信じられず否定するべきですが、それは「この文章は正しい」という文章を信じることになりこの文章を正しくないと考えた自分と矛盾してしまいます。よってこちらもありえません。

結果この文章☆は正しいか正しくないか判断できないということが分かりました。つまり広義の命題ではないですね。

この例は**自己言及のパラドックス**という有名なテーマです。文章に違和感を覚えた方もいたかもしれません。これは数学の文章の作成についてルール整備を押し進めるきっかけにもなりました。このようなことが起こるのはどうしてか？　という疑問に端を発して研究が進んでいったのです。これを**記号論理学**といいます。

3 命題関数

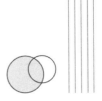

また、われわれが出会う数学の文章には次のような文章も存在します。

「α は整数である」

この文章は α という文字が入っていて、α が決まらなければ正しいか正しくないかは判断できません。例えば、

$\alpha = 1$ のときは 「α は整数である」という文章は
「1 は整数である」という正しい広義の命題

$\alpha = 2.5$ のときは 「α は整数である」という文章は
「2.5 は整数である」という正しくない広義の命題

を対応させる構造になっています。このように、文字が一つ確定すると広義の命題が一つ定まるというシステムを関数と捉えて**命題関数**といいます。命題関数は広義の命題を一般化したものと考えることができます。また、命題関数が正しいかどうかは、ありうる変数をすべて入れていき、その都度作られる広義の命題がすべて正しい場合と定義されます。例えば、「α は整数である」という命題関数は $\alpha = 2.5$ としたときの広義の命題「2.5 は整数である」が正しくないので、正しくない例が一つでも見つかってしまったので正しくないと判断されます[*3]。命題関数についてはまた

[*3] 本来ならば、101ページの全称記号を用いた $\forall x, p(x)$ を考えていることになります。

後で出てきますので数学の定義を記して次にいきたいと思います。

> 定義 1.3.1（命題関数）
> 文章中に変数を含み、その変数を定めるごとに広義の命題になる文章を**命題関数**という。

> 定義 1.3.2（命題関数が正しいとは）
> 命題関数が正しいとは
>
> 含まれる変数を定めるごとにきまる広義の命題が全て正しい
>
> ということ。

4 記号化せよ

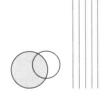

　さてここからのテーマは"記号化せよ"です。論理学といわれる分野では日常扱っている文章を記号の配列として表して、ルール付けしています。これはルールと記号が決まっていればどんな難しい理論になってきても、文章の構造をミクロなファクターに分解して表示することができ、理解がしやすくなるため数学では重宝されています。よって数学の基礎体力の一つ、「文章理解の道具」として記号化された論理学を勉強します（本書では記号としては"¬"，"∧"，"∨"などが出てきます）。ここで主に記号化された文章を**論理式**と呼びます。また、広義の命題や複数の広義の命題から新しい広義の命題を作り出す操作（演算子）も学んでいきます。現存するほとんどの教科書では本章に上げる程度の論理学を仮定して進んでいるので役に立つこと間違いなしです。

> **定義 1.4.1**（論理演算子）
> いくつかの広義の命題に対して新しい広義の命題を対応させる記号を**論理演算子**という。

> **定義 1.4.2**（論理式）
> 命題を表現し、文法に則っている記号列を**論理式**という。

　これから学ぶのはこの論理式の性質についてです。

真偽値

　数学では色々なものを文字でおきます。中学数学で多少慣れはあると思いますし、「携帯電話をどれだけ使っても料金が変わらないプランを A とする」のように日常的に使っている方も多いと思います。ですがそれに今気付いた方もいることでしょう。普段は気付いていないということが多々あります。日常生活では瞬間的、直感的に理解できることをもとに会話をしたり判断したりする場面が多いからです。数学はそれを振り返ったり深めたりするチャンスを与えてくれるものであると思います。ここで論理を記号化することで新たな視点で会話を楽しむことができるかもしれません。37 ページに出てきた広義の命題について

　　　「100 メートル走世界記録を持っているのはウサイン・ボルトだ」
　　　という広義の命題を q とかく。

のように文字で広義の命題自体を表すこともできます。復習になりますが q は「正しい」か「正しくないか」客観的に判断できる文章ですから広義の命題と呼ばれるのでしたね。そこで q は 2016 年 7 月 20 日現在では「正しい」事柄でした。これについて論理学では「正しい」とか「正しくない」という言い方をしないで次のように呼び方が決まっています。

> 定義 1.4.3（真偽）
> ある広義の命題が与えられたとする、その命題が「正しい」ときその（広義の）命題は**真**であるといい、「正しくない」ときその（広義）の命題は**偽**であるという。

数学の文章で広義の命題を扱うときは、この「真」、「偽」という言葉を使っていきましょう。文章以外で表示する方法として、次のようなものもあります。

> 定義 1.4.4（真偽値）
> ある広義の命題が真であることを"**1**"とかき、偽であることを"**0**"とかく。

これは紙にメモをとるときや、後に出てくる真偽表と呼ばれるところで活躍します。ちなみに太文字にして、ただの数字としての 0 や 1 とは違うこともあべておきたいと思います。**0** と **1** で 2 進法にしているのは情報理論で応用される際に相性がとてもいいからです。応用の際の目標の一つとして、コンピュータが日常言語を理解して求める解を返す（人間らしい返答をする）ということが挙げられると思います。会話できるロボットがすでに開発されていますが、人間のそれに近づいてはいてもファジーさ（曖昧さ）の表現は難しいようです。

注意　命題について

　ある公理のもとで「正しい」か「正しくない」か証明できる文章を**広義の命題**といいました。特定の広義の命題を文字で表すことがありました。そのほかに、「a は整数である」のように変数が入っており、その変数が一つ定まると広義の命題になる文章を**命題関数**といいましたが、その命題関数自体を文字で表すこともあります。それは、

　　　　「a は整数である」という文章を　$P(a)$　とかく

のようなことです。a が真偽を確定させることの変数になっていることがよく表れています。そして広義の命題が入る箱としてその箱自体を文字でおくこともします[*4]。これは厄介ですが、変数としての文字と定数としての文字を区別することが必要ということです。分かりにくいので次の**全く関係のない二つの文章**を例に見てみましょう。

　　　　①円周率を π で表す

　①は円周率（3.141592…）という定まった数を文字 π でおいています。この場合の π は動いたり変わったりすることはありません。次の例を見てみましょう。

　　　　② π を変数とした関数 $f(\pi) = 2\pi + 1$ を考える

　少し分かりにくいですが②は関数の変数として π を考えています。言い換えると数が入る箱を表すものとして π という文字を使っています（π

---

*4　箱については103ページの脚注で解説をしていますので読んでみてください。ですが、言葉を重ねるより、我々が「リンゴ」についての理解をたくさんの「リンゴ」の例を見ながら学んできたように、例に触れながら学んでいく方がよいと思います。

にはいろいろな数が入ると考えます[*5])。

この二つの違いと同じように、定まった広義の命題を表すために文字を使う場合と、様々な広義の命題が入るための箱を表すために文字を使う場合と違いがありますので、そこに注意して読んでいきましょう。その二つに名前をつけておきます。

> **定義 1.4.5（定数的命題、変数的命題）**
> 定まった一つの広義の命題を表すために文字 p を用いた場合、p を **定数的命題** と呼び、広義の命題が入る箱として文字 q を用いた場合 q を **変数的命題** と呼ぶ。

つまり、p の真偽値は 0 か 1 のどちらかに決まっているのに対し、q の真偽値は 0 と 1 のどちらにも変化できます。少し分かりにくいかもしれませんが、ここではこの程度に留めておいて、以後出てくるごとに解説を入れていきます。

[*5] 関数 $f(x) = ax$ といったときには a はなんらかの定数で x は変数として考えると思います。このとき $f(t) = at$ とかいたとしても表している関数は変わりません。つまりこの関数は $f(□) = a□$ となっていて、□ がまるで数を入れる箱に見えることから本書では"箱"と呼んでいます。

5 命題の否定

次の 2 つの広義の命題 w, x を見てみましょう。

w：磁石の S 極と N 極はくっつく
x：磁石の S 極と N 極はくっつかない

　まずどちらも正しいか正しくないか判断できる広義の命題であることを確認しましょう。ちなみに今回は定数的命題の意味で w, x を使っています。w は真で、x は偽と客観的に判断できますね。

　そして次に広義の命題 w, x の関係に着目してみましょう。分かりやすいとは思いますが、x は w の文章を「〜ない」の形に書き換えたものですね。

　x を w の**否定命題**といいます。さてここで気をつけなければいけないのが、「否定命題は真偽が入れ替わる」ということです。確認してみると、w は"真"であったのに x は"偽"ですね。このように否定する前が"真"であったら否定命題は"偽"になるし、否定する前が"偽"であったら否定命題は"真"になるということも頭に入れておきましょう。では記号化もしておきましょう。

> 定義 1.5.1（否定）
> 広義の命題 p に対して、「p ではない」という広義の命題を p の**否定命題**といい、
> $$\neg p$$
> とかく。

例

$\neg$（"ちょっとだけよ" は志村けんのネタである）

は

「"ちょっとだけよ" は志村けんのネタではない」という命題を表す

$\neg$（4 は自然数である）

は

「4 は自然数でない」という命題を表す

というような使い方をしていきます。先ほどの例であれば x は $\neg w$ と書き換えられるということです。

やはりわれわれは視覚的に瞬間的に判断したい生き物です。そのために協力な武器になってくれるのが次です。

p	$\neg p$
0	1
1	0

0 と 1 は先ほど挙げた真偽値ですね。行に注目すると、

p の真偽値が 0 のとき $\neg p$ の真偽値は 1 である
p の真偽値が 1 のとき $\neg p$ の真偽値は 0 である

ということが「視覚的に」すぐ分かると思います。また今後も重要になってくるのは、このような表での p は変数的命題であると捉えておくことです。ですから図を見てみると、p については 0 と 1 があります。これは変数的命題はいろいろな広義の命題が代入されるので、真である場合と偽である場合が考えられるからです。さて、見て分かるのは否定の命題の場合は否定する前と別の値をとるということです。具体的には、p が 0 の場合は $\neg p$ は 1、p が 1 の場合は $\neg p$ は 0 になります。このように変数的命題を用いて全ての命題の真偽値のパターンを網羅した表を**真偽表**と呼びます。

6 "かつ" と "またば"

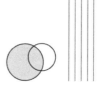

次の命題を考えてみましょう。

p：イチローは 2004 年にシーズン安打 262 本を記録した
q：イチローの飼っている犬の名前は一弓である
r：イチローはドラマ相棒に出演した

どれも「正しい」か「正しくない」か判断できますね。ちなみに p, q, r の順番で［正しい、正しい、正しくない］となっています (詳しくは web で！)。ではここで考えていきたいのは次のような文章です。

1. イチローは 2004 年にシーズン安打 262 本を記録し、かつ イチローの飼っている犬の名前は一弓である
2. イチローの飼っている犬の名前は一弓であるか または イチローはドラマ相棒に出演した

これは p, q, r のうちの 2 つを選んで **"かつ"**、**"またば"** という接着剤を使ってくっつけていますね。次のページで記号化してみます。

> **定義 1.6.1（論理積，論理和）**
> p, q を広義の命題とする。このとき p かつ q という広義の命題を
> $$p \wedge q$$
> とかき**論理積**という。そして、p または q という命題を
> $$p \vee q$$
> とかき**論理和**という。

　これは2つの広義の命題から新しい広義の命題を作り出している、ということです。"かつ"や"または"という日本語は普段会話をしているときにもトップクラスで出てくる概念だと思います。しかし実際に"かつ"や"または"を使ったりしないで

「黒髪で身長の高い女の子」
「医者か弁護士と結婚したいな」
「商品券もしくは喋るどんぶりプレゼント」

などと表現することも多くあります。表現が違っても全て記号化すれば∧、∨で表現できるということで捉えておくとよいでしょう[*6]。次に論理積の真偽表を作ってみます。

---

*6　∧や∨は2つの広義の命題を変数とする演算子ですが、例では広義の命題ではない形で表現されています（日常言語とはそういう曖昧なもので、厳密に表現すれば広義の命題が2つ現れる形で表現できます）。

● 論理積の真偽表

t	u	$t \wedge u$
1	1	1
1	0	0
0	1	0
0	0	0

前回同様、横に読んでいけばよいのでしたね。文章にしてみると、これは

t の真偽値が 1 で u の真偽値が 1 のとき $t \wedge u$ の真偽値は 1
t の真偽値が 1 で u の真偽値が 0 のとき $t \wedge u$ の真偽値は 0
t の真偽値が 0 で u の真偽値が 1 のとき $t \wedge u$ の真偽値は 0
t の真偽値が 0 で u の真偽値が 0 のとき $t \wedge u$ の真偽値は 0

ということを表しています。"$\wedge$" は「 t, u の両方ともの真偽値が 1 のときにしか真偽値は 1 にはならない」ということが分かると思います。これは"かつ"の意味に戻ってみると当たり前のことですね。t かつ u という広義の命題は t も u も正しいときにしか正しくないはずです。イチローに関する広義の命題 p, q, r でいくつか考えてみましょう。

【$p \wedge q$】

　まず大前提として p は真、q は真、r は偽です（イチローが出演したドラマは「古畑任三郎」です！）ので、 $p \wedge q$ の左側の広義の命題 p は真で真偽値は 1、 $p \wedge q$ の右側の広義の命題 q は真で真偽値は 1 なので、考えたいのは表の 1 行目にあたります。

t	u	$t \wedge u$
1	**1**	**1**
1	0	0
0	1	0
0	0	0

そうすると「イチローは2004年にシーズン安打262本を記録し、かつイチローの飼っている犬の名前は一弓である」という広義の命題は真偽値が 1 ですから「真」ということになります。実際これは正しい文章ですね。

【$q \wedge r$】

同様にして、$q \wedge r$ についても考えてみましょう。$q \wedge r$ の左側の広義の命題 q は真で真偽値は 1、$q \wedge r$ の右側の広義の命題 r は偽で真偽値は 0 であるので、考えたいのは表の 2 行目にあたります。

t	u	$t \wedge u$
1	1	1
1	**0**	**0**
0	1	0
0	0	0

よって $q \wedge r$ つまり「イチローの飼っている犬の名前は一弓である かつ イチローはドラマ相棒に出演した」という広義の命題は真偽値が 0 なので「偽」になります。

ここでありがたみを感じられるポイントは p, q, r のそれぞれの真偽と表しか使っていないのに $p \wedge q$ や $q \wedge r$ という新しい広義の命題が正しいかどうか判断できたということです。いちいち頭の中に表を作る必要はありませんが、このような構造になっているんだと知っているだけでも価値

はあります！

● 論理和の真偽表

論理和"∨"についても真偽表を載せておきます。

t	u	$t \vee u$
1	1	1
1	0	1
0	1	1
0	0	0

前回同様、横に読んでいけばよいのでしたね。文章にしてみると、これは

t の真偽値が 1 で u の真偽値が 1 のとき $t \vee u$ の真偽値は 1
t の真偽値が 1 で u の真偽値が 0 のとき $t \vee u$ の真偽値は 1
t の真偽値が 0 で u の真偽値が 1 のとき $t \vee u$ の真偽値は 1
t の真偽値が 0 で u の真偽値が 0 のとき $t \vee u$ の真偽値は 0

ということをそれぞれ表しています。論理和"∨"を考えるときは"∨"の左か右のどちらかの広義の命題の真偽値が 1 であればその論理和の真偽値も 1 になります。言い換えると「"∨"の左右どちらの真偽値も 0 のときのみ論理和の真偽値は 0 になる」ということですね。これもイチローの例で使い方を確認しておきましょう。

【$p \vee q$】

p は真、q は真ですので、$p \vee q$ の左側の広義の命題 p は真で真偽値は 1、$p \wedge q$ の右側の広義の命題 q は真で真偽値は 1 なので、考えたいの

は表の 1 行目にあたります。

t	u	$t \vee u$
1	1	1
1	0	1
0	1	1
0	0	0

そうすると $p \vee q$ つまり「イチローは 2004 年にシーズン安打 262 本を記録した または イチローの飼っている犬の名前は一弓である」という広義の命題は真偽値が 1 ですから「真」ということになります。実際これは正しい文章です。

【$q \vee r$】

q は真、r は偽ですので、$q \vee r$ の左側の広義の命題 q は真で真偽値は 1、$q \vee r$ の右側の広義の命題 r は偽で真偽値は 0 なので、考えたいのは表の 2 行目にあたります。

t	u	$t \vee u$
1	1	1
1	0	1
0	1	1
0	0	0

そうすると $q \vee r$ つまり「イチローの飼っている犬の名前は一弓である または イチローはドラマ相棒に出演した」という広義の命題は真偽値が 1 ですから「真」ということになります。こちらもやっぱり実際正しい文章ですね。

7 ならば

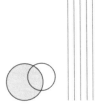

　私が日常生活で一番違和感を覚えて訂正したい‼ と思っているのがこれです。

「え!? 彼女が作った料理食べなかったの?」
「うん、**カレー＝（イコール）辛い**ってイメージだからね」

　最後の一言を聞くとムズムズしてしまいます。というのも"イコール"という言葉を"とは"のような意味で使っているからです。一般的に数学では"イコール"は"＝"と略記されて、二つの対象が全く同じ対象であるときに使います。なので「カレー＝（イコール）辛い」と聞くと「カレー」という対象と「辛い」という対象が同じなんだ! といっているように聞こえます。「カレー」は野菜やお肉などを一口大に切って独特のスパイスと各家庭、お店の特徴ある味付けで出来上がる料理のことで、「辛い」はものを食べたときに主に舌、ひどいときは口の中全体で感じとる刺激的なぴりぴりとした感覚のことです。料理と感覚は同じにはなりえませんよね! モチロン経験的にいいたいことは分かりますが、数学をやっていく上で気にしなければいけないことの一つに「文法」があります。今まで算数で、

$$2 \times + 3$$

という表現に意味を感じたことはありませんよね? 算数では"×"や

"＋"は数と数の二つで挟んだ形にしてあげないと意味を持たないのです。これが数学での文法で**シンタックス**といわれます。ある程度厳密にこの文法を守ることが実は数学の文章の理解にも繋がります。本書では次章でその意味が分かるようになっていますので楽しみにしていてください。

さて、「カレー＝（イコール）辛い」の部分を取り出すと次のようなことがいいたかったのではないかと思います。

私がカレーを食べたならば私は辛いと感じる

"かつ"、"または"のときと同様に、今回は"ならば"という文字を使って広義の命題同士をくっつけて新しい広義の命題を作っていることが分かるかと思います。個人的に「ならば、あな、おそろしや」と思っています。世の中「ならば」に支配されているにもかかわらずそれに気付けていない人がとても多いからです。「ならば」というのは**条件を付けるとき**に使う言葉でもあります。

大学合格率 90％ !!

塾の広告なのでしょうか、これを見れば「合格率 90％ということは 90％の確率でうちの子が合格するんだわ！」と考えてしまいがちです。これに潜む条件を「考えもしない」という人が多いように感じます。時代背景として、選ばなければ大学に行ける全入学時代だったかもしれません。また例えば、横に小さく「1 年以上通塾した生徒のみ」とかいてあったりするときがあります。ここには合格率に大きく寄与する何かがあったりするかもしれません。1 年以上通塾した生徒は 1 年前から受験を見据えて勉強していたので基礎学力が高いので結果が出やすく、結果が出やすい生徒は滑り止めの候補もたくさんあるので、結果進学しないかもしれませんが

「大学合格」に関しては勝ち取ることができるといった流れです。「すでに受験まで1年を切っているが志望校に受かりたい」という目標の場合、この90%という数字を鵜呑みにすることに果たして価値があるのか？ と是非考えていただきたいものです。

「どんな状況で主張をしているのか？」ということがとても大切になってくることが分かると思います。

話を戻しましょう。

私がカレーを食べたならば私は辛いと感じる

の中で出てくる"ならば"について学んでいきましょう。ならばは、"方向"を持っています。方向を逆にしたらどうなるか見てみましょう。

私は辛いと感じるならば私はカレーを食べた

辛いと感じたけれども、それがカレーによるものかどうかは分かりませんね。もしかしたらタンドリーチキンかもしれませんし、わさび寿司の罰ゲームをしたのかもしれません。つまり上の文章はいつも真にはなりません。

他にはこんなのがあります。

風が吹けば桶屋が儲かる

これも言い換えると「風が吹くならば桶屋が儲かる」となります。「桶屋が儲かるならば風が吹く」とはやはり方向が違うということも分かると思います。記号化されるとどうなるのでしょうか？ 見てみましょう。

> **定義 1.7.1（ならば）**
> p, q を広義の命題とする。このとき p ならば q という広義の命題を
> $$p \Rightarrow q$$
> とかく（$q \Leftarrow p$ とかくこともある）。

　この矢印 $\Rightarrow$ を使って表すのはなんとなく感覚に近い気がしますし「方向がある」といっていたのもなんとなく分かっていただけるかと思います。また、今まで出てきた論理演算子"$\neg, \wedge, \vee, \Rightarrow, \Leftarrow$"を、広義の命題と組み合わせてできる新しい広義の命題、例えば p, q, r を広義の命題とすると、

$$(p \Rightarrow q) \wedge r$$
$$(\neg p \Rightarrow q) \Leftarrow \neg(\neg r)$$

などは再び広義の命題となります。このような論理演算子が一つでも入った広義の命題は特に**構成命題**と名前を付けておきましょう。しかし $p \Rightarrow \Rightarrow q$ のような記号列はルールに則っていないので広義の命題にはならないことに注意しましょう。

> **定義 1.7.2（構成命題）**
> 広義の命題と論理演算子を組み合わせてできる広義の命題を**構成命題**という。

　構成命題は広義の命題と論理演算子を複数組み合わせてできるので、
$$(p \wedge q) \Leftarrow \{(r \vee s) \wedge (t \Leftarrow u)\}$$
のように長い記号列になりがちです。そこで、特定の記号列を省略して新

しい論理演算子を導入することもあります。そのうちの一例を挙げておきます。

> **定義 1.7.3**
> $(p \Rightarrow q) \wedge (p \Leftarrow q)$ を $p \Leftrightarrow q$ とかく。

これは、「$(p \Rightarrow q)$」かつ「$(p \Leftarrow q)$」なので矢印を左右くっつけた"⇔"と考えると分かりやすいと思います。

例

さて、"⇒"を使った"ならば"の例を挙げてみます。それぞれの真偽にも注目しましょう。

$$男 \Rightarrow 人間 \cdots\cdots 真$$
$$人間 \Rightarrow 男 \cdots\cdots 偽$$
$$足が痛い \Rightarrow 足が骨折している \cdots\cdots 偽$$

2章の集合の部分とも深く関わってくるのでそちらでちゃんと説明しますが図でかくと下のようなイメージになります。

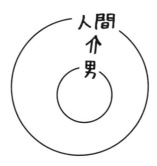

包含されているイメージ

● "ならば" の真偽表

"ならば" の真偽表は下のようになります。

p	q	$p \Rightarrow q$
1	1	1
1	0	0
0	1	1
0	0	1

(1.7.1)

これらは、

p が真、q が真のときは $p \Rightarrow q$ は真
p が真、q が偽のときは $p \Rightarrow q$ は偽
p が偽、q が真のときは $p \Rightarrow q$ は真
p が偽、q が偽のときは $p \Rightarrow q$ は真

ということをいっています。これを実用例を使って確認していきましょう。58 ページで、"ならば" は条件が含まれる状況を表現するときに使うと説明しました。つまりある条件を満たすときは○○をするという形の文章に現れるということです。例えば交通ルールをもとに考えてみましょう。日本では、

「高速道路を運転中ならば 100km/h 以下で運転する」　(1.7.2)

というルールが法律で定められています。この文章で p, q をそれぞれ次のようにおきます。

p：高速道路を運転する

q：100km/h 以下で運転する

このときそれぞれルール（$p \Rightarrow q$）に則っているときは"$p \Rightarrow q$ は真"であり、違反しているときは"$p \Rightarrow q$ は偽"と考えることができます。

(I) p が真、q が真のとき

このときは**高速道路を運転中かつ100km/h 以下で運転している**のでルール（1.7.2）に則っていますね。よって $p \Rightarrow q$ は真になります。

(II) p が真、q が偽のとき

このときは**高速道路を運転中かつ100km/h より速い速さで運転している**のでルール（1.7.2）に則っていませんね。よって $p \Rightarrow q$ は偽になります。

(III) p が偽、q が真のとき

このときは**高速道路を運転していなくて100km/h 以下で運転している**のでそもそも高速道路を走っていません。(1.7.2) は「高速道路を運転中ならば」という条件を満たすときに規定するルールです。ここで「高速道路を運転中」という仮定を満たしていないのでルール (1.7.2) には則っていると考えます。よって $p \Rightarrow q$ は真になります。少々違和感を覚える方もいるかもしれません。ゆっくり考えてみましょう。ルール (1.7.2) には高速道路以外で運転する場合についての規定はされていないのでこういう場合数学では"$p \Rightarrow q$"は真になります。言い換えると p が正しくないときはいつも $p \Rightarrow q$ は正しいということになります。おかしい感じがしますよね。ですがこんな例はどうでしょ

う?

イチゴを食べるならばへたまで食べる

というルールがあり、破ったらビンタをされるとします。そこであなたがおやつにみかんを食べてへたを残したとします。そこでビンタをされたらどう思いますか？ おそらく怒りますよね。「ルールはイチゴを食べた場合の話であってみかんを食べた場合は何も規定されてないじゃないか！」と憤慨してしまうことでしょう。イチゴは食べていないのでルールには則っている、つまり「イチゴを食べるならばへたまで食べる」という広義の命題が真になります。

(Ⅳ) p が偽、q が偽のとき

　このときは**高速道路を運転中ではなくて$100\mathrm{km/h}$より速い速さで運転している**のでこれも同じ考えより、高速道路を運転中ではないのでルールに則っていますね。よって $p \Rightarrow q$ は真になります。

ここでは"ならば"を含む論理式がどのようなときに真に（正しく）なるかをしっかりおさえておきましょう。

8 逆

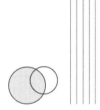

先ほどの

$$男 \Rightarrow 人間$$
$$人間 \Rightarrow 男$$

　こちらの二つの広義の命題を見てみましょう。矢印の向かう先が反対になっていることにお気付きでしょうか？　男であるということと人間であるということの二つの広義の命題をそれぞれ p, q とすると上が $p \Rightarrow q$ で、下は $q \Rightarrow p$ という形になっています。このような2つを互いに**逆の命題**とか**逆**であるといいます。

例

① 「午前中に雨が降った ⇒ お昼ごろ洗濯物がぬれている」と
「お昼ごろ洗濯物がぬれている ⇒ 午前中に雨が降った」は
互いに逆の命題

② 「幸せと感じる ⇒ 腹が鳴る」と
「腹が鳴る ⇒ 幸せと感じる」は互いに逆の命題

③ x を実数とするとき
「$x>0 \Rightarrow 1+x>0$」と「$1+x>0 \Rightarrow x>0$」は互いに逆の命題

逆の命題同士の関係についてですが、例えば"$p \Rightarrow q$"が真だったからといっても、その逆の命題"$q \Rightarrow p$"が真になるとは限りません。例で考えてみます。

①は午前中雨が降ったらお昼ごろ洗濯物はぬれているでしょう[*7]。しかし、お昼ごろ洗濯物がぬれているからといって雨が降ったとは限りません。あさ外で水を巻いているおじさんが誤って洗濯物にかけてしまったのかもしれません。なので、

「お昼ごろ洗濯物がぬれている ⇒ 午前中に雨が降った」

は正しくない文章ですね。

②は一般的にはどちらも正しくないでしょう。幸せでお腹が鳴る人は高確率でいるとは考えにくいです。もう一方の「腹がなるならば幸せと感じる」も高確率で起こることではないと考えられるので偽です。

③はまず最初はxが正の数ならば $1+x$ が正の数になるといっていますが確かに正しいので真。逆は $1+x$ が正ですがxが正だけということはありえなくて、例えば$x=-0.3$としてみると$1+x>0$となりますが$x<0$という例が見つかってしまうのでこちらは常に正しいといえないから偽となります。このように真偽は一致しないことは多々ありますので注意しましょう。

日常の文章は"$p \Rightarrow q$"が真だからといって逆の"$q \Rightarrow p$"が真にな

[*7] 数学の文ではなくて日常文の場合は「必ず」とはいえない場合がたくさん出てきますので、ここでは一般的に、高確率で確認できるときに正しいとしました。都合がいいと思われるかもしれませんが、そうしなければいけなかった理由を考えることでこの概念についてより深く理解することができると思うので、是非批判的、分析的に読んでみてください。

らないことの方が多く感じます。ですから"ならば（⇒）"と"イコール（＝）"はそもそも意味として違うというのは言うまでもなく、イメージとしてなんとなく「等しい」という意味で使うことすら許されないのです！最後に数学の言葉でまとめておきます。

> 定義 1.8.1（逆）
> p, q を広義の命題とする。このとき p ならば q という広義の命題 $p \Rightarrow q$ に対して、「q ならば p」という広義の命題、すなわち
> $$q \Rightarrow p$$
> を「p ならば q の逆の命題」もしくは「p ならば q の逆」という。

● 真偽表

さて、逆という概念は新しい論理式の形を規定するものではなくて論理式同士の関係や特別な形の論理式の新しい呼び名を表しているものです。ある広義の命題に"ならば"が含まれている場合のみ、矢印の方向を逆にして作られた論理式がある広義の命題の「逆の命題」です。表を見て確認してみましょう。

逆

p	q	$p \Rightarrow q$
1	1	1
1	0	0
0	1	1
0	0	1

q	p	$q \Rightarrow p$
1	1	1
0	1	1
1	0	0
0	0	1

2つの表を1行ずつ見ると、

  "⇒"の左と右が両方真のとき一番右の列が真
  "⇒"の左が真で右が偽のとき一番右の列が偽
  "⇒"の左が偽で右が真のとき一番右の列が真
  "⇒"の左と右が両方偽のとき一番右の列が真

という関係は変わりませんね。pとかqというのは正しいか正しくないかを客観的に判断できる広義の命題の一つを表していて、一番右の列というのは各々の行で"ならば"という形の論理式を作ったときの真偽値を表していました。表を用いていっていることは、真偽表において真、偽が変わることがあっても「"⇒"の左と右が両方真のとき一番右の列が真」のように本質的には"ならば"の命題と真偽値は変わらないということです。

 ですが先ほど「逆の命題の真偽は一致しないことがある」といいました。どうなっているんだ！とお思いの方も多いでしょう。少しややこしくなってしまいますが、説明します。余力と興味がある方のみ進んでいきましょう。

 直前で「変わらない」といっていたのは、pならばqもその逆のqならばpもどちらも論理式としては"ならば"の形の論理式と捉えることができます。その意味で変わらない、ということを述べています。しかし、「逆の命題の真偽は一致しないことがある」というのは、pとq、それぞれの広義の命題がもうすでに真偽が定まっている状態、つまり定数的命題である場合の話です。例えば

  ③ xを実数とするとき「$x>0 \Rightarrow 1+x>0$」と「$1+x>0 \Rightarrow x>0$」

について、今$x=-\dfrac{1}{2}$となっているとしましょう（ここがポイントで、それぞれの広義の命題がもうすでに真偽が定まっている状態にあるとはこ

このことです !!)。
このとき、

「$x>0$」は「$-\dfrac{1}{2}>0$」と言い換えられるので偽の命題

「$1+x>0$」は「$1+(-\dfrac{1}{2})>0$」と言い換えられるので真の命題

にそれぞれ固定されます。この固定された状態であれば、ならばの真偽表 (1.7.1) を使って、

p	q	$p \Rightarrow q$
1	1	1
1	0	0
0	1	1
0	0	1

「$x>0 \Rightarrow 1+x>0$」自体は表の 3 行目より真

「$1+x>0 \Rightarrow x>0$」自体は表の 2 行目より偽

ということになり、逆の命題の真偽が一致しない、と結論されるわけです。この理解は数学特有の**変数の考え方**に起因します。真偽表では自由に決めていい広義の命題が 2 つ互いに依存し合わない（一方を決める際に一方が決まらないと決められないなどの制約がない）状態で議論していたということです。

ちなみに本書でよく出てくる**行**とか**列**という言葉ですが、横に並んでいる塊を考えるときは**行**といって1行目、2行目というように数えます。縦に並んでいる塊を考えるときは**列**といって1列目、2列目というように数えます。「行列」と同じような考え方ですね。

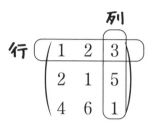

9 裏

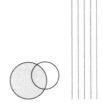

次の広義の命題を見てみましょう。

①キリン ⇒ 首が長い
②キリンでない ⇒ 首が長くない

この二つの広義の命題の関係はどうなっているかすぐにお分かりですね？ ①に対して、⇒ の左右とも否定した形になっているのが②の広義の命題ですね。②の命題に対して①の命題も同じで、⇒ の左右とも否定した形になっています。これを互いに**裏の命題**とか一方の命題の**裏**といいます。こちらもやっぱり必ずしももとの命題が真だからといって、裏の命題が真だとか偽だとかはいえません。実際キリンの例だと、①は一般的に考えて真ですね。②はキリンでなくても首が長いものはいますから必ずしも正しいとはいえませんので偽となっています。定義の形で述べておきます。

定義 1.9.1（裏）
p, q を広義の命題とする。このとき p ならば q という広義の命題 $p \Rightarrow q$ に対して「p でないならば q でない」という広義の命題、すなわち

$$\neg p \Rightarrow \neg q$$

を「p ならば q の**裏の命題**」もしくは「p ならば q の**裏**」という。

例

広義の命題とその裏をそれぞれ挙げてみましょう。

①純粋な日本人 ⇒ 日本語を話す
❶純粋な日本人じゃない ⇒ 日本語を話さない
②夜の時間 ⇒ 外は暗い
❷夜の時間ではない ⇒ 外は暗くない
③ $x^2+y^2=0$ ⇒ $x=0$ かつ $y=0$
❸ $x^2+y^2 \neq 0$ ⇒ ($x=0$ かつ $y=0$) ではない

①から見ていきます。純粋な日本人の血筋であっても生まれながら海外に住んでいるという方もいますし、❶裏に関しても、純粋な日本人じゃなくても「なんでやねん」をベストな間で使うスペイン人を私は見たことがあるので両方とも偽です。

②は一般的に夜の時間は暗いですよね。そして❷についても、夜の時間でなければ朝か昼でしょうから暗くありません。よって今回はどちらも真となっています。

③は数学的な例です。③は $x^2+y^2=0$ だったら x も y も両方 0 しかありえませんので真。❸に関しては実はある重要な法則を使う場面ですが後で明示することにしましょう。x^2+y^2 が 0 でないなら x も y も両方 0 ということはなく、どちらかは 0 ではないですよね。よって❸も真になります。

さて、最後の「重要な法則」ですがすでに皆さんは自然と使っていた可能性が高いです。上の例をとってみると、このようなことを自然と考えています。

$$\text{「}(x=0 \text{ かつ } y=0) \text{ ではない」という文章は言い換えると}$$
$$\text{「}x \neq 0 \text{ または } y \neq 0\text{」となる}$$

ここまで読まれた方なら普通に日常会話でも使っていた考え方だ、と共感していただけるのではないでしょうか？ 言い換えるとの部分は後の節の、論理式が「同じ意味とは」どういうことかを説明している 77 ページで詳しく述べますが、同じ意味になるというのが直感的に分かっていただけるのではないかと思います。

10 対偶

さてどんどんいきましょう！ 次のようなものを考えてみましょう。

①東京都に住んでいるならば日本に住んでいる
②日本に住んでいないならば東京都に住んでいない

まず①と②の関係を調べてみましょう。前節と前々節のイメージができているとたどり着けるんじゃないかと思います。これはどちらに対しても逆の裏になっているということですね！[*8] 二つの合わせ技によってできているということにお気付きいただけますでしょうか？ このように逆の裏を考えてできる広義の命題を**対偶**（たいぐう）と呼びます。例で一緒に確認してみましょう。

> 例
>
> ① 「僕はライオン ⇒ 僕は哺乳類」
> と 「僕は哺乳類ではない ⇒ 僕はライオンではない」
>
> ② 「x は素数 ⇒ $2x$ は素数」
> と 「$2x$ は素数でない ⇒ x は素数でない」

はそれぞれ互いに対偶の命題です。対偶には次のような重要な性質があり

[*8] 実は裏の逆といっても同じことになっています。

ます。

対偶の真偽はもとの命題の真偽と一致する　　　(1.10.1)

上のいくつかの例で確認してみましょう。

① 僕はライオンならば当然哺乳類でしょうから「僕はライオン ⇒ 僕は哺乳類」は真です。このとき対偶の命題について考えてみると、もし僕が哺乳類でないのならば当然ライオンであるはずがないので「僕は哺乳類ではない ⇒ 僕はライオンではない」は正しい文章ですから真です。この場合両方真になりましたね。

② まず文章中の「素数」という言葉についてですが、次のように定義されている数のことです。

定義 1.10.1（素数）
1 以外の自然数であって、1 と自分自身でしか割り切れない数を**素数**という。（例）2, 3, 13, 401, 71479

さて確認できたところで真偽を見ていきましょう。もし x が素数だったら $2x$ は 1 と自分自身（つまり $2x$）に加えて、x と 2 でも割り切れますね（例えば $x=3$ とすると $2x=2\times3=6$ となり、6 は 1 と 6 と 3 と 2 で割り切れる）。よって $2x$ は素数にはならないので「x は素数 ⇒ $2x$ は素数」は偽です。そして、もう一方の、「$2x$ は素数でない ⇒ x は素数でない」についても、$2x$ が素数でないならば x も素数でないといっていますが、例えば $2x=4$ とすると $x=2$ となるので x は素数になっています。よって「$2x$ は素数でない ⇒ x は素数でない」も偽になります。対偶の定義をきちんと述べ、今の重要な性質を確かめておきます。

> **定義 1.10.2（対偶）**
> p, q を広義の命題とする。このとき「$p \Rightarrow q$」に対して、
>
> $$\neg q \Rightarrow \neg p$$
>
> を「$p \Rightarrow q$ の対偶の命題」もしくは単に「$p \Rightarrow q$ の対偶」という。

> **定理 1.10.3（対偶の性質）**
> p, q を広義の命題とする。このとき $p \Rightarrow q$ とその対偶 $\neg q \Rightarrow \neg p$ の真偽表は一致する。

証明

p	q	$p \Rightarrow q$
1	1	1
1	0	0
0	1	1
0	0	1

p	q	$\neg q$	$\neg p$	$\neg q \Rightarrow \neg p$
1	1	0	0	1
1	0	1	0	0
0	1	0	1	1
0	0	1	1	1

同じになる

□

さて、これで証明終了となりました。真偽表が一致するということは実は次の節に大きく関わってきます。

11 同じ意味とは

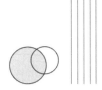

広義の命題は正しいか正しくないか判断できる文章のことでした。その命題は意味が通った（文法的に正しい）文章であるはずでした。

次を見てみましょう。

①ナダルはウィンブルドン選手権で優勝した
②ナダルはウィンブルドン選手権で優勝していないことはない

②は①の否定の否定になっているのはお分かりになると思います。日常会話では**二重否定**といわれています。二重で否定することによって生まれる日本語の深みを無視して、単純に意味の部分だけ捉えれば二つは同じ意味になりますね。このようなとき二つの文章は**同値**といいます。これは一方が正しいならばもう一方も正しく、そしてその逆も成り立つということです。

ここでは真偽がすでに定まった広義の命題について考えていますので特別な場合です。同値という概念は本来次のように、より一般的な対象に対して定義される言葉です。

> **定義 1.11.1（同値）**
> 2 つの構成命題の真偽表について、縦の真偽値の並びが同じ値になっているとき 2 つの構成命題は**同値**であるという。仮に p, q を変数的命題とし $A(p, q), B(p, q)$ を構成命題とすると、$A(p, q)$ と $B(p, q)$ が同値であるとき
> $$A(p, q) \equiv B(p, q)$$
> とかく。

二つの真偽表で注目した列の真偽値が全く同じ並びになるときに限り二つの構成命題が同値という、ということです。そこで広義の命題 p に対して、二重の否定が同値になることを確かめてみると、

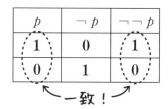

となります。並びが全く同じになっていますね。具体的な命題でなく、真偽が定まっていない変数的命題で確認できたということになります[*9]。よ

[*9] 今までに出てきたものを整理しておきます。広義の命題とは真か偽か定まっている文章のことです。複数の広義の命題を様々な論理演算子 "$\neg, \land, \lor, \Rightarrow, \Leftarrow, \Leftrightarrow$" を用いて正しく組み合わせると再び広義の命題を表し、それを構成命題と呼びます。また、論理演算子が作用する部分（例えば "$\Leftrightarrow$" であれば「○⇔○」の○の箇所、"$\neg$" であれば「¬○」の○の箇所のこと）は様々な広義の命題が入る箱があると考えられ、その箱を変数的命題といい、それに対して特定の真か偽か定まっている広義の命題を定数的命題といいます。さらに、広義の命題を一般化して、何らかの変数が決まると真偽が定まるような関数を考えてそれを命題関数と呼ぶのでした。高校数学ではここまで厳密に分けていません。$p \Rightarrow q$ と表示するものの中に、「$4 > 2 \Rightarrow 4^2 > 3$」や「$x > 2 \Rightarrow x^2 > 3$」などを含んでしまっています。

ってどんな命題がきても二重否定は同じ意味になっていることを確認できました。ここで、同値というのは命題そのものの関係を規定するものではなく論理演算子 " $\neg, \land, \lor, \Rightarrow, \Leftarrow, \Leftrightarrow$ " の関係を表す記号であるということです[*10]。

例1

① 380 円の買い物をした
② 380 円の買い物をしていないわけではない

これは上で挙げた二重否定の例の一つですね。定理化しておきます。

> **定理 1.11.2（二重否定）**
> p を変数的命題とする。このとき以下が成立する。
> $$p \equiv \neg(\neg p)$$

括弧はなくても分かりますが、あった方がすぐ理解しやすいと思いますので付けておきましょう。括弧の中から適用すると考えて読むと分かりやすいと思います。

例2

x を一つ選んだとする。その x について

① 「$x=3$ または $x=5$」ということはない
② $x \neq 3$ かつ $x \neq 5$

[*10] よく "$\Leftrightarrow$" と "$\equiv$" を混同して使ってしまう人がいます。"$\Leftrightarrow$" は命題同士をくっつける接着剤の役割を担っている新しい命題を生み出す記号で、"$\equiv$" は命題に依存せず、使う論理演算子とその表れ方の関係を表している記号である（新しい命題を生み出す記号ではない）ということに注意しておきましょう。

①では「$x=3$ か $x=5$ という状況はありえない」といっています。ということはつまり x は 3 であってはいけないし、5 であってもいけないということですから②「$x \neq 3$ かつ $x \neq 5$」と同じことを意味していることになります。これは論理式における**ド・モルガンの法則**と呼ばれています。

> 定理 1.11.3（論理のド・モルガンの法則）
> p, q を変数的命題とする。このとき以下が成立する。
> $$\neg(p \wedge q) \equiv (\neg p \vee \neg q) \quad (1.11.1)$$
> $$\neg(p \vee q) \equiv (\neg p \wedge \neg q) \quad (1.11.2)$$

証明

p	q	$p \wedge q$	$\neg(p \wedge q)$
1	1	1	0
1	0	0	1
0	1	0	1
0	0	0	1

p	q	$\neg p$	$\neg q$	$\neg p \vee \neg q$
1	1	0	0	0
1	0	0	1	1
0	1	1	0	1
0	0	1	1	1

一致！

p	q	$p \vee q$	$\neg(p \vee q)$
1	1	1	0
1	0	1	0
0	1	1	0
0	0	0	1

p	q	$\neg p$	$\neg q$	$\neg p \wedge \neg q$
1	1	0	0	0
1	0	0	1	0
0	1	1	0	0
0	0	1	1	1

一致！

□

論理の否定記号 "$\neg$" は論理式でも分配法則のようなものが成り立つということを主張していますね。"$\vee$" と "$\wedge$" は否定することで互いに

移り合う関係にあることも分かります。これは

「かつ」の否定は「または」
「または」の否定は「かつ」

ということと同じ意味と考えれば分かりやすいですね。ここで述べているのも、論理演算子 "¬" と "∨" と "∧" の関係についてのみであるということに注意しましょう。

例 3

①事故を起こした ⇒ 110 番に電話をする
②事故を起こしていない ∨ 110 番に電話をする

初めて読んだ方で、この二つの広義の命題が同じことを表していると分かる方は相当なセンスの持ち主といえると思います。それほどこれは直感的に分かりづらい命題です。定理化すると次のようになります。

定理 1.11.4（ならばと同値な命題）
p, q を変数的命題とする。このとき以下が成立する。
$$(p \Rightarrow q) \equiv (\neg p \vee q) \tag{1.11.3}$$

証明

p	q	$p \Rightarrow q$
1	1	1
1	0	0
0	1	1
0	0	1

p	q	$\neg p$	$\neg p \vee q$
1	1	0	1
1	0	0	0
0	1	1	1
0	0	1	1

一致！

□

実際この結果は $p \Rightarrow q$ の形の論理式を否定するときに使われます。例えば次のようなものを考えてみましょう。

「希ちゃんのことを好き $\Rightarrow$ 告白をする」ということはない　　（1.11.4）

この文章[*11]を言い換えると「"好き"なら告白をする」という事柄を否定するので

希ちゃんのことが好きなのに告白しない　　（1.11.5）

ということになると思います。"なのに"という部分は固定観念があって、好きならば告白するのが普通"なのに"…という論理と関係ない部分での「含み」がそうさせているのでしょう。それを抜き取るとシンプルに

希ちゃんのことが好きで、かつ告白しない　　（1.11.6）

のようになるでしょう。次のページでこれを今まで勉強してきた論理式を用いて表現し、確かめてみましょう。

目標は、

「希ちゃんのことを好きならば告白をする」
を否定すると
「希ちゃんのことが好きで、かつ告白しない」

[*11] この例については様々な意見をいただきました。例えば、102ページの述語論理の例として、

$\forall x \in$ (人間全体), x が希ちゃんのことが好き $\Rightarrow x$ は告白をする

と表現できます。しかし、ここでは p, q が単なる広義の命題と捉えて読んでいただくと例としてスムーズです。

となることを、論理式を使って確かめることです。確かめるためには論理式を用いた次の定理を示すことができればよいでしょう。

> **定理 1.11.5（ならばの否定の命題）**
> p, q を変数的命題とする。このとき次が成立する。
> $$\neg(p \Rightarrow q) \equiv p \wedge (\neg q) \tag{1.11.7}$$

この定理は今までどおり真偽表を使う方法で証明できます。見てみましょう。

定理 1.11.5 の証明

p	q	$p \Rightarrow q$	$\neg(p \Rightarrow q)$
1	1	1	0
1	0	0	1
0	1	1	0
0	0	1	0

p	q	$\neg q$	$p \wedge \neg q$
1	1	0	0
1	0	1	1
0	1	0	0
0	0	1	0

一致！

□

真偽表を用いて、証明することができました。実はこの方法とは別に今まで学んできた定理を用いて、真偽表を用いることなく定理 1.11.5 を確認することもできます（後述）。

定理 1.11.5 を示すことができたので p：希ちゃんのことを好き、
q：告白をする とおいて対応を見てみると、

$\neg(p \Rightarrow q)$ ……「希ちゃんのことが好きならば告白する、ということをしない」

$p \wedge (\neg q)$ ……「希ちゃんのことが好きかつ告白しない」

となり目標としていた言い換えが正しいことが確認できました！
□

（定理 1.11.5 の別証明）

まず定理 1.11.4 で分かったことより

$$\neg(p \Rightarrow q) \equiv \neg(\neg p \vee q)$$

と変形できます。ここでいう「変形」とは"$\equiv$"によって繋がっている 2 つの構成命題は書き換え可能ということです。同じように定理 1.11.3 の式 (1.11.2) より

$$\neg(\neg p \vee q) \equiv \neg(\neg p) \wedge (\neg q)$$

そして定理 1.11.2 より

$$\neg(\neg p) \wedge (\neg q) \equiv p \wedge (\neg q)$$

よって一番最初と最後を見れば

$$\neg(p \Rightarrow q) \equiv p \wedge (\neg q)$$

となります。以上より、定理 1.11.5 を真偽表を使わずに証明することができました。
□

12 証明

　数学の醍醐味といえば「証明」にあります。そもそも数学というのはある広義の命題が正しいか正しくないかを自らの手で判定できるもの、言い換えると広義の命題の真偽は捉えるものによって変化しうるものではないというところに言葉で言い表すことができないくらいの価値があります。これが統一的な理論の発展や集団の意思決定を円滑化するという成果に繋がっています。しかし学生時代この「証明」に苦しんだ方が多いというのも事実です。この証明とはどういうものなのか少しだけ本質にせまり、証明方法として用いられるものを挙げていこうと思います。

● 証明とは何か

　証明とは今まで出てきた言葉で説明するならば広義の命題について真であるか偽であるかを明らかにすることであると考えられます。

> 「瞳ちゃんはこの鉛筆に触ったことがある」ということを証明してみてください。

　さて、こういわれたとき大体の方が鉛筆に瞳ちゃんの指紋がついていないかを調べようとするのではないでしょうか？ そこに **証明することに必要なこと、本質** が隠れているような気がします。どんなことを本質として考えているのかというと、

指紋がついているならば触ったという物理法則

　これを誰もが盲信しているからこそ我々は指紋が出たことから触れたことがあると結論するのですね。あえて盲信という表現をしましたがこれはあくまで長年、そして大多数の人が認めてきた事柄であるから、疑うことなく信じているだけであり実際は違うかもしれないし、宇宙の他の惑星ではその法則が成り立たないかもしれません。しかし、この「指紋がついているならば触ったという物理法則」は認めて生きていこう、というのが僕ら人間ですから、その上で証明はできるわけです。この

〇〇は認めて進めていこう！

という立場はもう我々は勉強しているんです。それは**公理**でしたね。公理は理由なく正しいと認めて数学の議論を進めていきましょうというのがある公理体系上での数学でした。この例でいえば、**「指紋がついているならば触ったという物理法則」** を公理と捉え、**「瞳ちゃんはこの鉛筆に触ったことがある」** が公理を用いて導き出せるか？　を考えることが証明することだということですね。もし証明できるなら流れとしては、次のようになるでしょう。

　　　大前提(公理)：鉛筆に人の指紋がついているならばその人はその
　　　　　　　　　　鉛筆に触っている
　　　小前提(事実)：この鉛筆には瞳ちゃんの指紋がついている
　　　　　結論：瞳ちゃんはこの鉛筆に触っている

このような証明方法を**三段論法**といったりします。

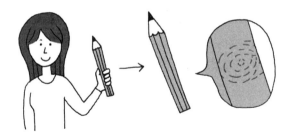

まとめると、ある事柄が証明できるということは、

ある事柄が公理から導ける

ということになります。公理から導かれるというのは公理から導かれた事実、すなわち定理などを大前提として導出されることも含みます。ここでも導くとは何か？ ということが気になってきますね。より厳密な表現を望む場合は数学基礎論の本に譲りますが、キーポイントは論理式をただの記号列と考えてとてもドライに受け止めることといえるでしょう*12。

「導く」という部分は厳密には**推論する**といわれます。導くことを、"→"を使って表現したりします*13。

---

*12 本書の性質上、「証明する」ということの厳密な定義を紹介すべきだったと思います。紙面の関係上全てを厳密に記すことはできませんが軽く解説すると、「証明する」とはまず「証明できる論理式」が以下のように定まっている必要があります。
- 各々の公理は全て証明できる論理式
- A, $A \Rightarrow B$ が証明できる論理式のとき、B は証明できる論理式
- A が証明できる論理式のとき、$\forall x$, A も証明できる論理式

これに加え推論規則（と呼ばれる定理）を用いて結論を導くことです。

*13 60ページに出てきた"⇒"と"→"は本質的には違うものです。前者は論理演算子であり、新しい広義の命題を作り出すための記号です。一方後者は証明に必要な推論を表す記号で論理式から論理式を「導く」ための記号です。これらは混乱しやすいので意識しながら読んでいくことをお勧めします。

● 証明方法

ここではよく使う証明方法を挙げておきましょう。

対偶法

これは先ほど勉強した「対偶は真偽が変わらない」ということを利用した証明方法です。例えば次の会話を見てみましょう。

> もとき「蛇だったら舌が長いってのは正しいかな？」
> みき「だって舌が長くないんだったら蛇じゃないでしょ！」
> もとき「そ、そうか」

このような会話は割とよくある形だと思いますが構造的には**対偶法**という証明方法を使っています。

「蛇ならば舌が長い」を「舌が長くないならば蛇でない」

と言い換えをしていますが

$$p \Rightarrow q \text{ と } \neg q \Rightarrow \neg p$$

の関係になっていますね。つまり対偶です。このようにして $p \Rightarrow q$ を証明したいときに $\neg q \Rightarrow \neg p$ を公理から導くことができれば証明が完了します[*14]。数学の例で見た方が分かりやすいと思うので挙げてみましょう。

[*14] 今、あなたの目の前を何かが通ったと仮定して、$x =$（今、目の前にいる、爬虫類で体が細長く、這うように前進し、手足はなく全長1mくらいの動物）とした時、$x =$ 蛇 であることを蛇の定義に沿って確認することも証明になります。つまり、ある固定された定数的命題 p が真であるか偽であるかを確かめることも証明となります。"⇒"を学んだ時に、定数的命題 p, q を用いた "$p \Rightarrow q$" は、また一つの定数的命題であることを確認しました。ゆえに「"あなたの目の前を通った何か" が蛇であるならば "あなたの目の前を通った何か" の舌が長い」ということを確認することも証明になります。しかし、本ページのような場合は一般的には103ページに出てくる全称命題として捉えることになります。

12 証明

> **例**

n を自然数とする。このとき n^2 が偶数ならば n は偶数であることを証明せよ[*15]。

> **証明**

$$a : n^2 \text{が偶数である}$$
$$b : n \text{が偶数である}$$

とおくと証明しなければいけないのは $a \Rightarrow b$ という形の式です。ここで対偶 $\neg b \Rightarrow \neg a$ を考えると、

$$\neg a : n^2 \text{が偶数でない}$$
$$\neg b : n \text{が偶数でない}$$

となりますので、"偶数でない"というのは言い換えると"奇数である"ということですから結局

$$n \text{が奇数ならば} n^2 \text{は奇数である}$$

ということを示せばいいということが分かります。実際に証明してみると n は奇数なので $n = 2k+1\,(k = 0,\ 1,\ 2,\ 3,\ 4,\ \cdots)$ と表すことができます。これを用いて n^2 を計算すると

$$n^2 = (2k+1)^2 = 4k^2 + 4k + 1$$
$$= 2(2k^2 + 2k) + 1$$

[*15] 実際この問題は103ページに出てくる全称命題の例ですが、ここでは読者にとって対偶法を理解するために適切で、馴染みやすい例としてこれを挙げました。厳密に考えると登場はふさわしくありません。

となります。$(2k^2+2k)$ の部分は当然自然数ですから n^2 は

$$2 \times \text{自然数} + 1$$

となるので奇数になるということが分かります。よって証明が終了しました。

□

この証明は次のように構造化できます。

大前提（定理）：対偶の真偽は一致する
小前提（事実）：証明したい事柄の対偶が真であった
結論：証明したい事柄は真（正しい）

この問題を対偶をとらずに証明しようとすると複雑になります。

n^2 が偶数ならば n は偶数であることを直接証明するので $n^2 = 2k$ とおきたいところですが例えば $k=1$ は満たしません。なぜならば、

$$n^2 = 2$$

となる自然数 n は存在しないからですね。そうすると $n^2 = 2k$ とおいたときの k のとりうる値の範囲を考えなければいけなくなります。

この意味で複雑になることが分かるかと思います。こういう**前提条件（⇒ の前）が式にしにくかったり複雑な問題**のときは、対偶をとってみると意外とすぐに解けてしまったりします。

背理法

では次の会話を見てみましょう。

みき「もときってモテるよね」
ようちゃん「そう?? なんでそう思うの??」
みき「だって**もしモテていないと仮定**すると、昨日一日に10人から告白されるってのはおかしいよね」
もとき「そういえばそうだった！ 僕はモテてるんだな～」
みき、ようちゃん「……。」

　論理的に会話をする人は自然とこの論法を使って話しているといわれています。これはまず最終的に否定することを期待して正しいと仮定した事柄から矛盾を導くという方法で**背理法**と呼ばれます。証明の流れを詳しく見てみると、

　　　仮定：もときはモテていない
　　　事実：昨日一日に10人から告白された
　　　矛盾：モテていない人とは告白されない人のことをいうのに
　　　　　　10人から告白されている
　　　結論：もときはモテている

となるかと思います。最後の矛盾は「モテている」という言葉の定義に矛盾しているということですが、ここの部分は数学でもやはり、

　　　定義や公理、またその公理から導かれる事柄（定理や補題）

と矛盾してくるということが自然と予想されるかと思います。構造として

は $p \Rightarrow q$ が真であることを証明したいときに $p \land \neg q$ が偽であることを証明するという構造になっています。補題として確認しておきましょう。

> **補題 1.12.1**
> $p \land \neg q$ が偽であることと $p \Rightarrow q$ が真であることは同じである。

証明

$p \land \neg q$ が偽であるときは

- "A" が偽のとき "$\neg A$" は真になる（逆も成り立つ）
- 論理のド・モルガンの法則（定理 1.11.3 の式 (1.11.1)）

より

$$\neg (p \land \neg q) \equiv \neg p \lor q$$

は真です。そして（定理 1.11.4）より

$$\neg p \lor q \equiv p \Rightarrow q$$

であるから $p \land \neg q$ が偽であるということと $p \Rightarrow q$ が真であるということは同じ。

□

背理法はこのような構造が隠されているんですね。

数学の例で挙げておきましょう。

例

> **問題**
>
> x, y は実数とする。このとき $x = y \Rightarrow x^2 - 2xy + y^2 = 0$
> を証明せよ。

証明

もし $x^2 - 2xy + y^2 \neq 0$ とすると

$$x^2 - 2xy + y^2 = (x-y)^2$$

なので $(x-y)^2 \neq 0$ となります。ということは $x \neq y$ となります。まとめると

$$x = y \land x \neq y$$

となるのでこれは明らかに矛盾ですね。

$x = y \Rightarrow x^2 - 2xy + y^2 = 0$ を証明するために $\neg(x^2 - 2xy + y^2 = 0)$ を仮定して矛盾を導いたので背理法より $x = y \Rightarrow x^2 - 2xy + y^2 = 0$

□

背理法は次のような形で出現することもあります。

> **問題**
>
> 素数が無限個あることを証明せよ。

素数とは 1 以外の自然数であり、かつ 1 とその数自身でしか割り切れない数のことです。例えば 2 は 1 と 2 だけでしか割り切れないので素数です。しかし 8 は 1, 2, 4, 8 で割り切れるので素数ではありません。

さて証明を見てみましょう。

証明

素数が有限個しかないと仮定すると全ての素数に番号をつけることができて、n 個あるとします。そうすると有限個なので一番大きい素数が存在することになります。それを小さい順に

$$p_1 = 2,\ p_2 = 3,\ p_3 = 5,\ \cdots,\ p_n = (\text{一番大きい素数})$$

とおきましょう。このとき

$$p = p_1 \times p_2 \times p_3 \times \cdots \times p_n + 1$$

という新しい自然数 p は新たな素数になっています。なぜならば p は先ほどおいた n 個の素数 $p_1,\ p_2,\ \cdots,\ p_n$ のどれでも割り切ることができないからです(すぐに分からない方もよくよく考えてみましょう!)。そうすると p は p_n より大きな素数になります。n 個の素数の他にもう一つ素数が見つかりました。まとめると下のようになります。

仮定:素数は有限個しかない(n 個)
得られた事実:素数は $n+1$ 以上個ある
矛盾:「素数は n 個ある」かつ「素数は $n+1$ 以上個ある」

ということで仮定は間違いということが分かります。つまり「素数が有限個ある」という仮定が間違い。ということはやっぱり「素数は無限個ある」と結論できます。

□

集まり、つまり集合という概念を先取りしてしまいますがそれを許すなら、こちらも

G が素数の集まり $\Rightarrow$ G は無限個の数が入っている集まり

というような命題を証明する問題と捉えて背理法を考えることができますね。

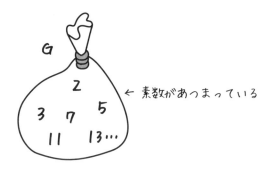
← 素数があつまっている

　この背理法の考え方は統計学の「検定」という分野でも使われていて現代社会で大活躍しています。

数学的帰納法

　こちらは高校数学でも出てくるので知ってる方も多いのではないでしょうか？　次のような証明方法です。

　　　ドミノ倒し会場にて ─────
　　　みき「このドミノちゃんと全部倒れるかな？」
　　　もとき「倒れるはずだよ！」
　　　みき「どうしてそんなこと分かるの？　説明してみてよ！」
　　　もとき「いいだろう！　まず**並んでいる一番最初のドミノは人間の手で倒すから必ず倒れる**だろ？」
　　　みき「そうね」
　　　もとき「そして、**一つ前のドミノが倒れたら必ず次のドミノに当たって倒れるようにおいている**んだよね」
　　　みき「それはどの前後のドミノも？」

もとき「そのとおり！ 2番目と3番目もそうだし、1680番目と1681番目も、どの番号でも前後で確実に当たって倒れるようになっているんだ」

みき「たしかにそうなっているとしたら、必ずドミノは全部倒れて成功するね！」

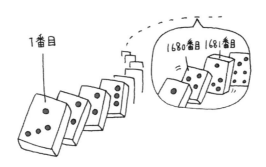

納得できましたか？ この証明のポイントをより一般化して述べると以下の2点になるでしょう。

(Ⅰ) はじめは成り立つ（倒れる）
(Ⅱ) どの連続した二つも、前が成り立つ（倒れる）なら後ろも成り立つ（倒れる）

この二つが認められれば全て成り立つ（倒れる）という証明方法です。これを**数学的帰納法**といいます。数学的帰納法はその性質から上の例文のようにドミノに例えられることが多いです。

> 例

数学的帰納法は内容は分かりやすいのですが、実際使う場面になるとペンが止まるということが少なくありません。次の問題で確認してみましょう。

> **問題**
>
> n を自然数とするとき
> $$2(1+2+\cdots+n) = n(n+1) \qquad (1.12.1)$$
> が成り立つことを証明せよ。

証明

(I) $n=1$ のとき

式 (1.12.1) の左辺は
$$2 \times 1 = 2$$

式 (1.12.1) の右辺は
$$1 \times (1+1) = 2$$

となるのでこのときは式 (1.12.1) は成り立ちます。

(II) $n=k$ で成り立つと仮定する

n がある k と定まって、そのときに成り立つという仮定のもとで、$k+1$ でも式 (1.12.1) が成り立つことを示せばいいということになります。

すなわち、
$$2(1+2+\cdots+k) = k(k+1) \qquad (1.12.2)$$

が成り立つという仮定の下で、
$$2\{1+2+\cdots+k+(k+1)\} = (k+1)\{(k+1)+1\} \qquad (1.12.3)$$

が成り立つことを証明すればいいのです。これは実際以下のように確かめ

られます。式 (1.12.2) のもとで、

$$\text{式 (1.12.3) の左辺} = 2\{1+2+\cdots+k+(k+1)\}$$
$$= 2(1+2+\cdots+k)+2(k+1) \quad (*)$$

ここで、数学的帰納法の仮定である式 (1.12.2) より

$$(*) = k(k+1)+2(k+1)$$
$$= (k+1)(k+2)$$
$$= (k+1)\{(k+1)+1\}$$
$$= (1.12.3) \text{の右辺}$$

となり、前の数 k で成り立つならば次の数 $k+1$ でも成り立つことが分かりました。

以上 (I)、(II) より、任意の自然数 n で

$$2(1+2+\cdots+n) = n(n+1)$$

が成立します。

□

証明方法は上のものだけではありません。しかし、

　　定義や公理、またそれから導き出される事柄（定理）

だけを用いて正しいことを確認するという作業は、共通する「証明の本質」になりますので体に染み込ませておきましょう。

13　述語論理

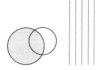

さて、もう少し進んでいきましょう。次の文章をご覧ください。

$$P(x):著者の母親はxである$$
$$Q(y):yは素数である$$

これら $P(x), Q(y)$ は変数が決まると一つの広義の命題が定まる命題関数というものでしたね。他の言い方だと**述語**とも呼ばれます。この命題関数について復習をしておきましょう。

$P(x)$ において $x=$ ミジンコとすると、$P(ミジンコ)=$「著者の母親はミジンコである」という広義の命題に変化する。
→実際著者の母親はミジンコではないのでこの命題は偽であると判断できます。

$Q(y)$ において $y=2$ とすると、$Q(2)=$「2 は素数である」という広義の命題に変化する。
→ 2 は素数なので $Q(2)$ という命題は真であると判断できます。

大切なのは本来の述語は変数がとりうる値の範囲とセットで考えるということです。つまり命題関数（述語）として以下の二つの対象は違うものと捉えましょう。

①自由変数 x のとりうる範囲は男子全体というもとで、x はバンド A のボーカルである。
②自由変数 x のとりうる範囲は西日本に住んでいる人全体というもとで、x はバンド A のボーカルである。

①の場合は「男子全体」、②の場合は「西日本に住んでいる人全体」がとりうる範囲で、**変域**と呼びます。

> 定義 1.13.1（自由変数，変域）
> 命題関数 $P(x)$ について代入する x のことを**自由変数**という。
> また、自由変数がとりうる範囲を**変域**という。

14 全称記号、存在記号

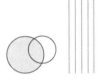

ある小さな王国 K に村がいくつかあるとしましょう。このときの以下の2つの文章を見てみます。

①全ての村にはリンゴのなる木が生えている
②ある村にはリンゴのなる木が生えている

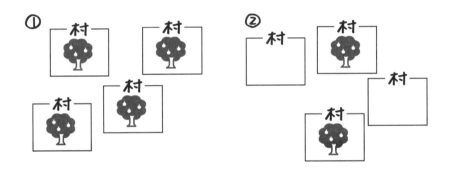

①と②の違いは数学においてとても大切な違いです。日本語の文章でかつ短文であれば比較的分かりやすいですが、数学の論理になって文章が何行にもわたっているときは違いに気付かないことがよくあるものです。絵を見ながらであれば比較的分かりやすいと思うのですが、①はどんな村を選んでもリンゴのなる木が生えているはずなので、逆にいえば「リンゴのなる木が生えていない村は存在しない」ともいえます。そして②は「ある村ではリンゴのなる木が生えているのですがそれは全ての村で生えている必要があるわけではなく、いくつかの村で（究極的には一つの村以外で

リンゴのなる木が生えていなくてもよい」と読むことができます。数学ではそれぞれ以下のように表現されます。

　　　①記号化：$\forall$ 村, リンゴのなる木が生えている
　　　　読み方：全ての村に対して、リンゴのなる木が生えている。

　"$\forall$"って顔文字のときにしか使わないと思っていた…というそこのあなた！ 実は論理で出てくるんです。細かくいうと村の左上に添える形で"$\forall$ 村"となっていますが、添えないで、"$\forall$ 村"とかくこともあります。数理論理学をよくやられている方は記号列として捉えているので"$\forall$ 村"派が多いように感じます。好みですので使いやすい方を使っていきましょう。ちなみに私は読みやすさの観点から、添字と考えた方がいいと思っているので"$\forall$ 村"をよく使います。"全ての〜"という意味になります。この記号"$\forall$"は、**全称記号**と呼ばれています。

　さて、もう一つ注目すべき単語があります。それは"対して"という言葉です。記号ですと少し分かりにくいですが","が「対して」を表すと考えるとよいでしょう。「A に対して B」という言い方をした場合、B は A をとった後にとるもの、つまり「A によって B は変わりうるもの」と考えています。この前後関係を示す言葉が"対して"という言葉なのです。これも大きく意味を変えうる単語の一つで、「私が決めた数に対して読者が数を決めるルールで大きい数を言った方が勝ち」というゲームの場合、読者が常に私に勝つことができますが「読者が決めた数に対して私が数を決めるルールで大きい数を言った方が勝ち」というゲームなら私が常に勝つようにできます。勝ち負けが"対して"の使い方（正確にはそれを挟む単語の順序）によって変わるというのは事実が大きく異なるということを表しています。このように"$\forall$"と自由変数が命題関数にくっついた形は**全称命題**と呼ばれます。以上をまとめておきましょう。

> **定義 1.14.1（全称命題）**
> $P(x)$ を命題関数とする。このとき
> $$\forall x,\ p(x) \tag{1.14.1}$$
> という形の命題を**全称命題**と呼ぶ。
>
> $$\text{全ての } x \text{ に対して } P(x) \text{ が成り立つ}$$
>
> という広義の命題を表す。

　全称命題は広義の命題なので正しいか正しくないか確認することができます。全称命題 "$\forall x,\ P(x)$" が正しいことを確認するためには、変域の全ての x で正しいことを確認します。自由変数 x が決まるごとに広義の命題を表す[*16]ので、変域の全てで正しいことが確認できれば正しいといえます。ではもう一方を見てみます。

　　　②記号化：$\exists$ 村 $s.t.$ リンゴのなる木が生えている
　　　　　　　：$\exists$ 村 $s.t.$（リンゴのなる木が生えている）
　　　　　　　：$\exists$ 村（リンゴのなる木が生えている）
　　　読み方：ある村が存在して、リンゴのなる木が生えているという状況を満たしている。
　　　　　　　：リンゴのなる木が生えているという状況を満たしているようなある村が存在する。

[*16] 全称命題には文字を含みますが（"$\forall x,\ P(x)$"でいえば x を含んでいる）その文字は箱として扱っている文字であり、ダミーです。全称命題はつまり命題関数ではなく一つの定数的命題です。また $\forall x \in \mathbb{R},\ P(x)$ とかいてある書物もありますが、これは $\forall x,\ (x \in \mathbb{R} \Rightarrow P(x))$ の略記と捉えることができます。

今度は"E"を左右ひっくり返した"∃"という記号が出てきました。これは**存在記号**と呼ばれ「ある状況を満たすようなものが存在する」という形の文章を示します。この存在記号が入った文章を日本語にするのは難易度が高いので確実にできるようトレーニングしておきたいです。また途中の"s.t."は"such that"の略で「that 以下の文章を満たすような」の意味です。記号の部分は英語の語順になっているので文法として英語の語順で読んでいくといいかと思います。直訳していくと、

  ∃村 / s.t. / リンゴのなる木が生えている
  ある村が存在する / that 以下を満たすような / リンゴのなる木が生えている

　これを日本語の文法で並べ替えたものが読み方に挙げた「ある村が存在して、リンゴのなる木が生えているという状況を満たしている」や「リンゴのなる木が生えているという状況を満たしているようなある村が存在する」になります。また記号化された"s.t."以降は条件を表すので、それを分かりやすくするために括弧"( )"でくくっています。また、∃が出てきたときは、以降に条件が入ることが明らかなので"s. t."を省略したりすることもあります[*17]。こちらもまた全称命題に対して"∃"を命題関数にくっつけた命題は**存在命題**と呼ばれます。次ページのようになります。

[*17] $∃x\ s.t.\ P(x)$ を $∃x,\ P(x)$ と表現することがあります。全称命題の否定を考えることがあるのですが、その時に記号的に処理するためには後者の記法の方が適しています。ですが、個人的に集合的に考える際、前者の表現で考える方が問題にアプローチしやすいと考えているので本書はこの表現で統一しておきます。

> **定義 1.14.2（存在命題）**
> $P(x)$ を命題関数とする。このとき
> $$\exists x \ s.t. \ P(x)$$
> という形の命題を**存在命題**と呼ぶ。

次は各々の例を見ていきましょう！

● 全称記号の例

①ひまわり組全ての生徒に対して、その生徒はエヴァンゲリオンが好きである。
$$\forall \ 生徒 \in ひまわり組、エヴァンゲリオンが好き$$

②全ての実数 x に対して、x^2 は正の数である。
$$\forall x \in \mathbb{R}, \ x^2 > 0$$

③$f(x)$ と $g(x)$ は関数とする。すべての実数 x に対して、$f(x) > g(x)$ である。
$$\forall x \in \mathbb{R}, \ f(x) > g(x)$$

それぞれは広義の命題であるので、真か偽か判断することができます（ありうる変数全てで正しいことを確認する必要があるのでした）。"$\in$" という記号を使っていますがこれは実は集合の記号です。よって次の章で扱われるものなのですが、さらっとのせています（すみません…）。

意味は"$x \in A$"とかいたら「x は A に含まれるものである」ということを意味します。全称記号を用いる場合はどの範囲を動くかを表す変域もかくことがあると覚えておくとよいでしょう。

　①はひまわり組の全生徒に「エヴァンゲリオンは好きかい？」と聞いたら全員「yes！」と答えるということをいっています。ひまわり組に一人でもエヴァンゲリオンが好きでない人がいない、ということを述べています。実際にひまわり組があったとしたら全員に聞いてみれば真か偽か判断できますね。

　②は「どんな数も 2 乗すると正の数になる」といっています。これについては数学的に真か偽か確かめてみましょう。真である、すなわち正しいと思うならば証明しなければいけないし、偽である、すなわち間違っていると思うならば「こんな例は成り立ちませんよ〜」という例を挙げなければいけません（この例のことを**反例**といいます）。一見、どんな数も 2 乗したら正の数になる！　と飛びつきがちですが、反例を挙げることができます。実際、x は全ての実数なので $x=0$ としてみると、$x^2 = 0^2 = 0$ となりこれは正の数ではないですね。

　　　　「実数なのに、2 乗したら正にならない数の例が存在した」

ということです。つまり「全ての実数 x に対して、x^2 は正の数である」はウソ（偽）だ！　ということが分かったのです。

　③[*18] これは関数 $f(x)$ と $g(x)$ が具体的に定められていないので、どのようなことをいっているのか？　を図を用いて説明していこうと思います。

---

*18　ここでは f と g が先にどのような関数か決まって、準備が整った上で全ての実数 x に対して $f(x) > g(x)$ という大小関係が成り立つか？　を考えます。つまり f, g が決まるごとに真偽も変わるため本質的には f, g を変数とする変数的命題を表しています。よって①, ②とは少し形が異なりますが、f, g が決まった上で考えれば同じくらいの複雑さを持つ全称命題です。

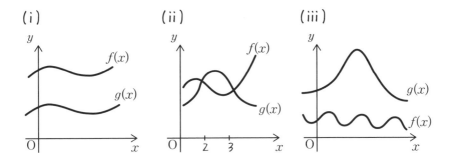

(i)は関数 $f(x)$ と $g(x)$ に交わりが全くないのでどの x で考えても $f(x) > g(x)$ ですね。

(ii)は x が 2 から 3 の間にあるときは $f(x) < g(x)$ となっていますね。成り立たない例を挙げたのでこれもいわゆる反例です。つまり(ii)の場合③は偽です。

(iii)は明らかにずっと $f(x) < g(x)$ となっていて③と逆の状態になっていますので偽であるといえます。

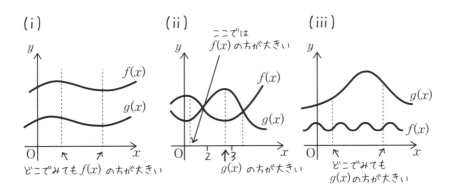

全称命題が真になるのは全ての変数が決まるごとに命題が成り立たなければいけないので少し厳しいという感覚を持っているといいですね。

● 存在記号の例

いろいろな表現をしていくので慣れていきましょう！

①ある国で、食料自給率が100%以上のものが存在する。
$$\exists\ 国\ s.t.(食料自給率が100\%以上)$$
②ある実数 x が存在して、$2x>10$ という条件を満たす。
$$\exists\ x\in\mathbb{R}\ s.t.(2x>10)$$
③ $f(x)$ と $g(x)$ は関数とする。ある実数 x に対して、$f(x)>g(x)$ である。
$$\exists\ x\in\mathbb{R}\ s.t.(f(x)>g(x))$$

こちらも一つずつ確認していきましょう。存在命題について真か偽か調べる場合は真と結論したければ具体的に成り立つ例を挙げればよくて、偽と結論したければ成り立つような例は一つも挙げられないことを示せばよいのでそれに則って確認していきましょう。また、自分の力でできそうであれば、どんどんやってみてください。

①国なのに「100%以上のもの」とは変なかき方と思われるかもしれませんが、数学の慣例で「もの」という言い方をします。では真かどうか確認しましょう。農林水産省によるとオーストラリアの食料自給率（2009年）は187%となっています。よって「ある国で、食料自給率が100%以上のものが存在する」は真ということです。

②こちらも $x=6$ を考えると、$2\times 6=12$ でこれは 10 より大きいので一つ見つけることができました。よって真です。

③全称命題のときと同様に $f(x)$ と $g(x)$ が定まっていないので図で解説したいと思います。また、全称命題の例③と照らし合わせて見ていくようにしましょう。

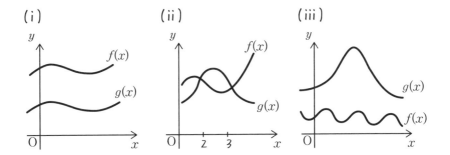

　(i)は関数 $f(x)$ と $g(x)$ に交わりが全くないのでどの x で考えても $f(x)>g(x)$ ですね。「よって全ての実数 x で $f(x)>g(x)$ である」ということがいえます。全ての実数 x で $f(x)>g(x)$ であるので x が 1 とか $\sqrt{2}$ でも $f(x)>g(x)$ が成り立つわけですね。なので「ある実数 x に対して、$f(x)>g(x)$ である」が真であることが分かります。これは特別な例で、「ある実数 x に対して、$f(x)>g(x)$ である」を確かめようと思ったら、「すべての実数 x に対して、$f(x)>g(x)$ である」ということが確認できてしまったという例です。気付いている方も多いと思いますが、下のようなことが成り立ちます。

定理 1.14.3（全称命題と存在命題）
$P(x)$ を命題関数とする。このとき $^\forall x, P(x)$ が真のときは $^\exists x \, s.t. \, p(x)$ も真になる。

　(ii)は x が 2 から 3 の間にあるときは $f(x)<g(x)$ となっていますが、それ以外の例えば $x=1$ ではちゃんと $f(x)>g(x)$ となっていますので、(ii)の場合③は真です。

(iii)は明らかにずっと$f(x)<g(x)$となっていてどの実数xで見ても$f(x)>g(x)$とはなっていないので、偽です。

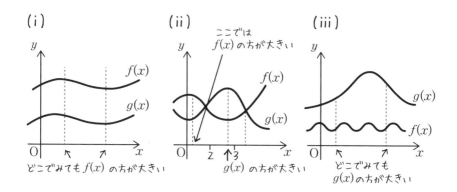

「全ての〜に対して」という文章と「ある〜に対して」という文章は大きく意味が異なることに注意して、また、かかれた数学の主張がどちらの文章なのかを見極めて読んでいくようにしましょう。最後に全称記号と存在記号を含む文章の代表的な形を紹介したいと思います。

● 全称記号と存在記号のダブルブッキング

2つの文章を見てみましょう。

> ①全ての携帯電話に対してある番号が割り振られていて、その番号にかけると携帯電話の持ち主と会話できる。
> $\forall$ 携帯電話, $\exists$ 電話番号 $s.t.$ (その番号にかける $\Rightarrow$ 携帯電話の持ち主と会話できる)

> ②ある携帯電話 T があって全ての電話番号に対して、その番号にかけると携帯電話 T の持ち主と会話できる。

∃ 携帯電話 T s.t.（∀ 電話番号, その番号にかける ⇒ 携帯電話 T の持ち主と会話できる）

　2 つの文章は、互いに "∀" と "∃" の順番が反対になっていますね。これによって文章自体の真偽が変わる場合があります。しかしここでは内容がどう変わるかに特に注目してみてください。

　①は世の中の全ての携帯電話に対してある番号が割り振られていて（本当は sim カードに割り振られていますが）その番号に電話すれば携帯電話の持ち主と会話できるという条件を満たすということをいっています。現実の世界と同じシステムですね。

　②はどんな電話番号にかけてもある特定の携帯電話 T に繋がってしまう、そんな魔法のような携帯電話 T が存在するといっています。現実世界ではありえないですね。意中のあの人にかけようと思ったらその魔法の携帯電話 T の持ち主にも繋がってしまうのですから秘密の会話もありゃしません。

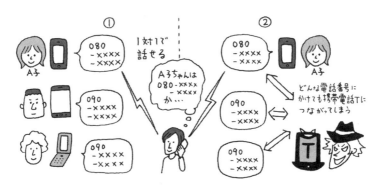

　全称記号と存在記号が入ってくる命題ではその順序が意味に大きく影響しているということをお分かりいただけたかと思います。

例

数学ではどのように出てくるか見てみます。

①全ての三角形 ABC に対して ABC のうちある角（その角を X と呼ぶことにする）は∠X ＝ 60°になる。

$\forall$ 三角形 ABC, $\exists \angle X (= \angle A $ か $\angle B$ か $\angle C)$ $s.t.$ $(\angle X = 60°)$

②ある三角形 ABC で、全ての角が 60°になるようなものが存在する。

$\exists$ 三角形 ABC $s.t.$ $(\angle A = \angle B = \angle C = 60°)$

まず、先の例と同様に全称記号と存在記号が互いに反対の場所にあるということを確認してみてください。その上で状況を確認していきます。

①はどんな三角形でも 3 つある角のうちの一つは 60°になっていると主張しています。実際これはありえないですね。なぜなら、勝手に三角形を作ったら、"いつも" 60°になる角が存在しないといけないからです。厳しいことをいっています。当然反例が挙がるのでこれは偽ですね。

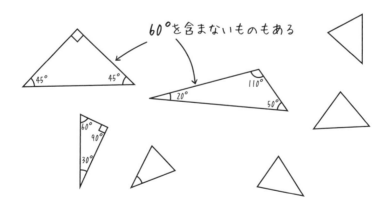

②は全ての角が $60°$ になるようなある三角形が存在することをいっています。これは正三角形のことをいっていますね。一つでも見つかれば命題自体は真になります。実際下に挙げたようなものが存在しますから真ですね。

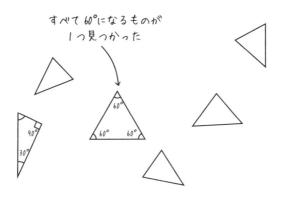

では最後に大学数学の微積分での例を挙げたいと思います。少し難しいのでゆっくり読んでいきましょう。

f は $\mathbb{R}$ から $\mathbb{R}$ の関数とします。

①全ての実数 x に対してある実数 C が存在して、$f(x)<C$ という条件を満たす。
$$\forall x \in \mathbb{R}, \ ^\exists C \in \mathbb{R} \ s.t. (f(x)<C)$$

②ある実数 C が存在して、全ての実数 x に対して $f(x)<C$ という条件を満たす。
$$^\exists C \in \mathbb{R} \ s.t. (^\forall x \in \mathbb{R}, \ f(x)<C)$$

これは前の例に似ていますが微妙に違っています。全称記号だけでなく、それに付随する文章も一緒に交換しています。一緒に交換しているのだか

ら、意味は変わらないかと思いきや、これも大きく意味が変わります。

　①は実数 x を決めるごとに C が存在する、といっています。つまり C は x に依存していて、x が変われば、それにしたがって、C をとりなおして条件「$f(x) < C$」を満たすようにできるということをいっています。ちなみにこれはどんな関数でも成り立ちます。$f(x) = \sin x$ でも、$f(x) = x^2$ としても、x を決めれば $f(x)$ の値が一つ定まります。その値よりも大きいように定数 C を決めることはできます。

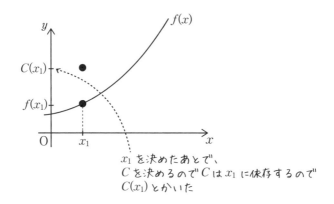

x_1 を決めたあとで、C を決めるので C は x_1 に依存するので $C(x_1)$ とかいた

　②は、はじめに決めた実数 C に対して、どんなに x を変えても $f(x) < C$ が成り立つといっています。①と大きく違うのは、「C は x に依存しない」ということです。C が先に決まっているので $f(x)$ が限りなく大きくなるような関数はこれを満たしません。例えば、$f(x) = x^2$ や $f(x) = 3^x$ などは、はじめにどれだけ大きく C をとったとしても x を変えていけばその C を越えてしまいます。

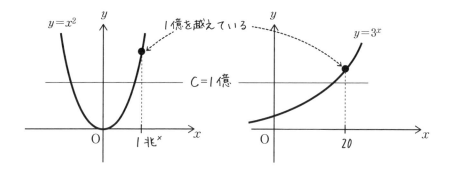

よってある程度までしか大きくならない関数のみが②を満たします。例えば $f(x) = \sin x$ や $f(x) = e^{-x^2}$ などはそれぞれ定数 C で、どんなに x を変えてもその C を越えないようなものが存在します。図でかくと次のようになっています。

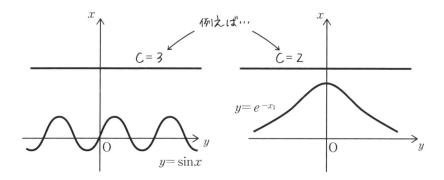

ちなみに②は関数が**上に有界である**という概念のことです。上のように順番を間違えて覚えてしまったりすることがよくありますが全称記号と存在記号の意味をしっかり懐に落としておきましょう。

15 全称命題、存在命題の否定命題

　さてこの章の最後になりました。前の節で勉強した「すべての〜に対して〜が成り立つ」という全称命題と、「ある〜が存在して〜という条件を満たす」という存在命題を否定したらどうなるのでしょうか？

　まずは全称命題、存在命題を用意しておきます。

> ①すべての都道府県 A に対して、都道府県 A の人口が 1000 人以上である。
> ②ある動物 x が存在して、四足歩行で移動するという条件を満たす。

このそれぞれについて記号化すると次のようになりますね。

① $\forall$ 都道府県 $A \in$ (都道府県の集合), 都道府県 A の人口 ≥ 1000
② $\exists$ 動物 $x \in$ (動物の集合) $s.t.$ (動物 x は四足歩行で移動する)

これらを否定するとどうなるか考えてみましょう。

①を否定すると、

> すべての都道府県 A に対して、都道府県人口が 1000 人以上である、ということはない。

となりますが、そのまま"ない"をつけただけですね。もう少し分かりやすい言い換えを考えてみると、"ない"という否定は"全て"という部分にかかっているはずです。なので、「"全て"ではない」という意味で言い換えるべきです。ということは「どこかの県で 1000 人よりも少ない県がある」と言い換えるのがよさそうです。すなわち、

　　すべての都道府県 A に対して、都道府県 A の人口が 1000 人以上である。
　　　　$\forall A \in$ (都道府県の集合), 都道府県 A の人口 ≥ 1000
の否定は
　　ある都道府県 T が存在して、都道府県 T の人口が 1000 人以上ではない（1000 人よりも少ない）という条件を満たす。
　　　　$\exists T \in$ (都道府県の集合) $s.t.(\neg($ 都道府県 T の人口 $\geq 1000))$

となります。なんと、**全称命題の否定命題は存在命題になる**のです。ここで注意したいのは文章の意味するところが正しいかどうか（真か偽か）は議論していません。あくまで、否定した文章はどのような文章か？というところに注目しています。より一般的に記号化しておきましょう。

> **定理 1.15.1（全称命題の否定命題）**
> $p(x)$ を命題関数とする。このとき
> $$\neg(\forall x, p(x)) \equiv \exists x \ s.t. (\neg p(x))$$
> となる。

煩雑になるのでこちらの証明は省略しておきます[*19]。

[*19] これは命題関数のとる範囲だけ広義の命題が存在しますので $\forall x, p(x)$ は $p(e_1) \land p(e_2) \land ...$ の真偽について議論していけばいいのです。

②を否定すると

> ある動物 x が存在して、四足歩行で移動するという条件を満たす、ということはない。

となります。これは「条件を満たすようなある特定の動物 x はいない」という意味の文章です。言い換えると「どんな動物も四足歩行で移動しない」と捉えることができます。"どんな〜"というのは前節で学んだ"全ての〜"と同じですから、次のようになるでしょう。

> ある動物 x が存在して、四足歩行で移動するという条件を満たす。
> ($^\exists$ 動物 $x \in$ (動物の集合) $s.t.$ (動物 x は四足歩行で移動する))
> の否定は
> 全ての動物 a に対して、四足歩行で移動しない。
> ($^\forall a \in$ (動物の集合), a は四足歩行で移動しない)

ということで、こちらは①の時と逆に、**存在命題の否定命題は全称命題になる**ということが確認できます。まとめると、

定理 1.15.2（存在命題の否定命題）
$p(x)$ を命題関数とする。このとき

$$\neg(^\exists x \ s.t. \ p(x)) \equiv {}^\forall x, (\neg p(x))$$

となる。

例

最後に数学での例を挙げたいと思います。全称命題、存在命題として次のようなものを考えてみましょう。

① $\forall x \in \mathbb{R},\ x+2 \in \mathbb{R}$
② $\exists m \in \mathbb{N}\ s.t.\ (m^2 = 100)$
③ $\forall x \in \mathbb{R},\ (\exists C \in \mathbb{R}\ s.t.\ (x < C))$
④ $\exists m \in \mathbb{Z}\ s.t.\ (\forall x \in \mathbb{R},\ x^2 \neq m)$

まず、上で挙げた定理 1.15.1 と定理 1.15.2 に基づいて①、②をそれぞれ否定したものを考えてみると、次のようになります。

①の否定　$\exists x \in \mathbb{R}\ s.t.\ (x+2 \notin \mathbb{R})$
②の否定　$\forall m \in \mathbb{N},\ (m^2 \neq 100)$

さてここで、今まで言及していませんでしたが例えば、「$\forall x \in \mathbb{R},\ x+2 \in \mathbb{R}$」という広義の命題は「$\forall x,\ p(x)$」という形になっているのか？ ということを説明しておかなければいけません。

実は、「$\forall x \in \mathbb{R},\ x+2 \in \mathbb{R}$」は、「$\forall x,\ (x \in \mathbb{R} \Rightarrow x+2 \in \mathbb{R})$」という広義の命題の書き換えです。存在記号については例えば、「$\exists m \in \mathbb{N}\ s.t.\ (m^2 = 100)$」は、「$\exists m\ s.t.\ (m \in \mathbb{N} \wedge m^2 = 100)$」という広義の命題の言い換え（略記）をしています。つまり一般的には、

定義 1.15.3（全称命題、存在命題の略記）
X を集合，$p(x)$ を命題関数とする。このとき
　　「$\forall x,\ (x \in X \Rightarrow p(x))$」を「$\forall x \in X,\ p(x)$」
　　「$\exists x\ s.t.\ (x \in X \wedge p(x))$」を「$\exists x \in X\ s.t.\ p(x)$」
とそれぞれ略記する。

ということになります。これを用いて、略記した広義の命題の否定については次のように考えられます。

> 定理 1.15.4（略記したときの否定命題）
> X を集合，$p(x)$ を命題関数とする。このとき定義 1.15.3 で定めた略記について
> $$\neg(\forall x \in X, \ p(x)) \equiv \exists x \in X \ s.t. \ \neg p(x)$$
> が成立する。

証明

$$\neg(\forall x \in X, \ p(x))$$
$$\equiv \neg(\forall x, \ (x \in X \Rightarrow p(x))) \ （略記の定義より）$$
$$\equiv \exists x \ s.t. \ \neg(x \in X \Rightarrow p(x)) \ （定理 1.15.1 より）$$
$$\equiv \exists x \ s.t. \ \neg(\neg(x \in X) \vee p(x))$$
$$（81 ページ「ならばと同値な命題」より）$$
$$\equiv \exists x \ s.t. \ (\neg\neg(x \in X) \wedge \neg p(x))$$
$$（80 ページ「論理のド・モルガンの法則」より）$$
$$\equiv \exists x \ s.t. \ (x \in X \wedge \neg p(x)) \ （79 ページ「二重否定」より）$$
$$\equiv \exists x \in X \ s.t. \ \neg p(x) \ （略記の定義より）$$

よって略記したとき、
$$\neg(\forall x \in X, \ p(x)) \equiv \exists x \in X \ s.t. \ \neg p(x)$$
となる。

□

長くなりましたが、以上を用いて

①の否定　$\exists x \in \mathbb{R} \ s.t. \ (x + 2 \notin \mathbb{R})$

②の否定　$\forall m \in \mathbb{N}, \ (m^2 \neq 100)$

ということが分かります。ちなみに否定命題の真偽はもとの広義の命題の真偽と逆になるはずでした。余裕があれば確認してみてください。

③、④のそれぞれの否定を確認してみましょう。これらは 110 ページで紹介した全称命題と存在命題が混ざった形ですね。ぱっと見ややこしそうですが、一つずつ見ていけばきっと分かるはずです。最後まで読んでみてください。

[③の否定]

$$\neg(\forall x \in \mathbb{R}, (\exists C \in \mathbb{R}\ s.t.\ (x<C)))$$
$$\equiv \exists x \in \mathbb{R}\ s.t.\ \neg(\exists C \in \mathbb{R}\ s.t.\ (x<C))$$

(117 ページ定理 1.15.1「全称命題の否定」より)

$$\equiv \exists x \in \mathbb{R}\ s.t.\ (\forall C \in \mathbb{R},\ \neg(x<C))$$

(118 ページ定理 1.15.2「存在命題の否定」より)

$$\equiv \exists x \in \mathbb{R}\ s.t.\ (\forall C \in \mathbb{R},\ x \geq C) \quad (\text{不等号を含む広義の命題の否定})$$

よって

③ $\forall x \in \mathbb{R}, (\exists C \in \mathbb{R}\ s.t.\ (x<C))$ の否定は、
$\exists x \in \mathbb{R}\ s.t.\ (\forall C \in \mathbb{R},\ x \geq C)$

となります。同様にして、

[④の否定]

$$\neg(\exists m \in \mathbb{Z}\ s.t.\ (\forall x \in \mathbb{R},\ x^2 \neq m))$$
$$\equiv \forall m \in \mathbb{Z},\ \neg(\forall x \in \mathbb{R},\ x^2 \neq m)$$

(118 ページ定理 1.15.2「存在命題の否定」より)

$$\equiv \forall m \in \mathbb{Z}, \; ^\exists x \in \mathbb{R} \; s.t. \neg (x^2 \neq m)$$

(117 ページ定理 1.15.1「全称命題の否定」より)

$$\equiv \forall m \in \mathbb{Z}, \; ^\exists x \in \mathbb{R} \; s.t. (x^2 = m)$$

(等号を含む広義の命題の否定)

よって

④ $^\exists m \in \mathbb{Z} \; s.t. (\forall x \in \mathbb{R}, \; x^2 \neq m)$ の否定は、
$\forall m \in \mathbb{Z}, \; ^\exists x \in \mathbb{R} \; s.t. (x^2 = m)$

となります。

　これで論理式の分野は終了です。つぎの集合の章はもちろんのこと、さらに発展的な数学を学ぶ際にも最低限の数学の知識として求められますので気になるところは今一度確認しておきましょう。

集合

数学では少なからず何か「対象」を取り扱います。その対象は具体的なリンゴ、人間、水、などの対象を考えてもいいし、抽象的な愛、やる気、数などでも構いません。そのほとんど全てに対応できるように作られているのが数学の理論です。究極的に「何かしらの対象」という形で考えて議論を進めていきそれらの集まり、つまり「何かしらの集まり」をまた一つの対象として捉えます。それが「集合」になります。

1 集合とは？

「何かしらの対象」と「何かしらの集まり」としておけば汎用性が高いまま抽象的な議論ができる点が集合を勉強する意義です。ということは全ての数学の議論の根底をなす考え方なのでさけて通ることはできないということです。今のことをまとめておきます。先に挙げた公理、定義や定理などの言葉を使っていきますね。

> **公理 2.1.1**
> 我々は何かしらの対象とその集まりを対象として考えることができるとする。

> **公理 2.1.2**
> 我々は何も含まれていない集まりを対象として考えることができるとする。

何も含まれていないなら集まりじゃないじゃないか！

分かります。ですが議論を進めていくとあった方がうまくいくことが多々ありますし、この後を読んでいく中で何もない集合を考えることも感覚的にはありうるということも理解できると思います。

> **例**
- スマートフォンを持っている人たちの集まり
- 日本中の車の集まり
- 3 で割ったら 2 余る数の集まり
- 角度に 90°を含むような四角形の集まり

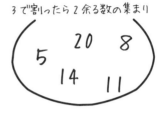

全て何かの対象の集まりになっていますね。

定義 2.1.3
何かしらの対象の集まりを**集合**といい、その集合に入る何かしらの対象をそれぞれその集合の**元**という。

定義 2.1.4（空集合）
何も含まれていない集まりのことを**空集合**といい、ϕ で表す。

スマートフォンを持っている人たちの集まりをスマート軍団と呼ぶことにすると、任意の人に対して、「スマート軍団の一員である」か「スマート軍団の一員でない」かどちらかが考えられます。つまり集合の言葉に置き換えると任意の対象は「ある集合 A の元」か「ある集合 A の元でない」かどちらかが考えられる、となります。

> **定義 2.1.5**
> 集合 A があるとする。このときある対象 a が集合 A に入ることを $a \in A$ と表し、ある対象 a が集合 A に入らないことを $a \notin A$ と表す。

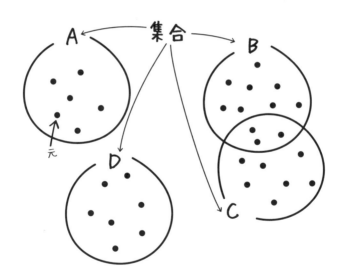

また、どんなものが集まっているかを表すために次のようなかき方をします。ただし、$\mathbb{Z}$ は整数全体の集合とします。

$$(野球が好きな人の集合) = \{x | x は野球好き\}$$
$$(偶数の集合) = \{y | y = 2m, m \in \mathbb{Z}\}$$

偶数の集合は次のようにも表現することができます。

$$\{y | {}^\exists m \in \mathbb{Z}\ s.t.\ (y = 2m)\}$$

こちらの表現は少し難しいですが前章を使って日本語訳してみると同じことを表現していることが分かると思います。この集合は「$y = 2m$ を満たすようなある整数 m が存在する y の集合」を表します。条件の中に条件が出てくるのが難しくさせる要因でしょうか。本書では紹介程度にとどめておこうと思います。また、{元 | 条件} という形でかきますが、条件については命題関数がそれにあたります。よって論理演算子 "$\neg, \land, \lor, \Rightarrow, \Leftarrow, \Leftrightarrow$" と命題関数を組み合わせた論理式がくるということですね。

2 集合同士の関係

　何かの集まり、集合を考えることができると色々な特徴を持った集合を考えることができます。また、2つ以上の集合がどのような関係になっているか？　というのも集合を扱う上での興味深いトピックの一つです。

● 補集合

　スマートフォンを持っている人の集合「スマート軍団」を考えましょう。この時「スマートフォンを持っていない人」つまり「スマート軍団ではない人」の集合も自然と考えることができます。その集合のことを「スマート軍団の**補集合**」といいます。

> **定義 2.2.1（補集合）**
> 集合 A に対して集合 A の元でないものの集合 $\{x \mid x \notin A\}$ を集合 A の**補集合**といい A^c とかく[*1]。

例

① A を偶数の集合とします。つまり、

$$A = \{n \mid {}^\exists m \in \mathbb{Z}\ s.t.(n = 2m)\} \tag{2.2.1}$$

とおくとき（ただし $\mathbb{Z}$ は整数の集合とします）、A の補集合 A^c は偶数でない整数の集合になります。言い換えると、奇数の集合になるということです。集合の記法でかくと

$$A^c = \{n \mid {}^\forall m \in \mathbb{Z},\ n \neq 2m\} \tag{2.2.2}$$

もしくは、

$$A^c = \{n \mid {}^\exists \ell \in \mathbb{Z}\ s.t.(n = 2\ell - 1)\} \tag{2.2.3}$$

となります。多言は避けますが A の { } の中と A^c の { } の中に同じ文字 n や m が出てきますが、形式的に同じ文字を使っているだけですから同じ数ではないので気をつけてください。

[*1] ここでは省略してしまいましたが、厳密には補集合の定義を
Ω を集合とし、$A \subset \Omega$ のとき、$A^c = \{x \mid x \notin A \land x \in \Omega\}$
として、全体集合（一番広いところ）が何かを明らかにしてかかれます。

● 積集合

さて、「スマートフォンを持っている人」を考えると同時に「ギターを弾いたことがある人」を考えることもできます。

すると全ての人は以下の4パターンに分けられます。

1. 「スマートフォンを持っている」かつ「ギターを弾いたことがある」人
2. 「スマートフォンを持っている」かつ「ギターを弾いたことがない」人
3. 「スマートフォンを持っていない」かつ「ギターを弾いたことがある」人
4. 「スマートフォンを持っていない」かつ「ギターを弾いたことがない」人

ちなみに全ての人を重なりなく、もれなく分類できています。この状態をMECE（Mutually Exclusive and Collectively Exhaustiveの略）といい「ミッシー」と読みます。

これを数学の用語でかき直すと以下のようになります。

「スマートフォンを持っている人」の集合をA、「ギターを弾いたこと

がある人」の集合 B とすると

1. $\{ 👤 | 👤 \in A$ かつ $👤 \in B \}$ (2.2.4)
2. $\{ 👤 | 👤 \in A$ かつ $👤 \notin B \}$ (2.2.5)
3. $\{ 👤 | 👤 \notin A$ かつ $👤 \in B \}$ (2.2.6)
4. $\{ 👤 | 👤 \notin A$ かつ $👤 \notin B \}$ (2.2.7)

これらは次のような集合を表しています。

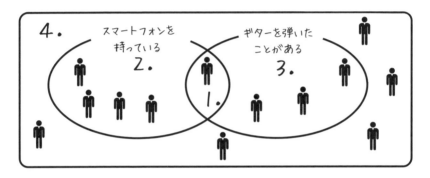

1. の表す部分は集合が重なってできていますよね。ポイントは全ての文章に"かつ"という言葉が入っている点です。この"かつ"によって作られた集合を**集合 A と集合 B の共通部分**もしくは**集合 A と集合 B の積集合**といって $A \cap B$ （A かつ B）とかきます。2. 3. 4. も"かつ"によって作られているので集合同士が重なっていると考えることができます。2. についていえば、「スマートフォンを持っている」かつ「ギターを弾いたことがない」人の集合なので

（A に入っている）かつ（B に入っていない）

となります。「ある集合に入っていない」ということは集合では補集合で

表しますから「B に入っていない」は、B^c で表します。よって

「スマートフォンを持っている」かつ「ギターを弾いたことがない」人の集合＝ $A \cap B^c$

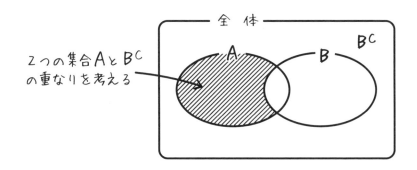

となりますね。ほかも集合のかき方をすれば、

1. $A \cap B$
2. $A \cap B^c$
3. $A^c \cap B$
4. $A^c \cap B^c$

ということになります。まとめておきます。

> 定義 2.2.2（積集合）
> 集合 A，集合 B に対して、集合 $\{x|x \in A$ と $x \in B$ の両方満たす$\}$ つまり $\{x|x \in A \wedge x \in B\}$ を集合 A と集合 B の**積集合**といい $A \cap B$ とかく。

例を見てみましょう。

例

①
A：ある数学のテストが 80 点以上の人の集合
B：ある英語のテストが 80 点以上の人の集合

このとき、集合 $A \cap B$ は「数学も英語も 80 点以上の人の集合」になりますね。

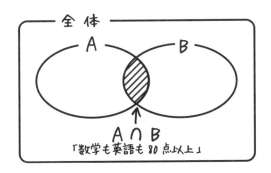

例えば、あずささんの点は数学 92 点、英語 75 点だったとします。このときあずささんは集合 $A \cap B$ には属していません。

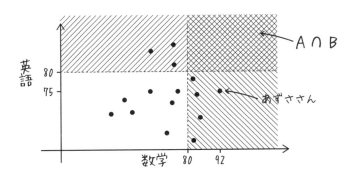

ちなみにこのような表を**散布図**といいます。2種類の斜線が交わったアミの部分、つまり右上の部分が $A \cap B$ にあたりますが、一人もいませんね。つまり数学が80点以上の人はいますし、英語が80点以上の人もいますが両方80点以上の人はいない、ということです。つまり $A \cap B$ は何もない集合つまり空集合 ($A \cap B = \phi$) であるという場合もありうるのです。

②

数学での例も見てみましょう。

$$A = \{f(x) | \lim_{x \to \infty} f(x) = 0\} \tag{2.2.8}$$

$$B = \{g(x) | {}^\forall x \in \mathbb{R}, g(x) > 0\} \tag{2.2.9}$$

とします。A は $f(x)$ という形の関数の集合で、$f(x)$ は x を限りなく大きくしたときに0に限りなく近づくような性質を持っています。極限が出てきていますが、とりあえずはイメージで理解してしまいましょう。A は下のような関数の集まりです。

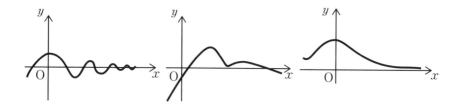

注意

A は $f(x)$ という形の集合といいましたがべつに $g(x)$ という形でも問題ありません。"x によって変わる形" という意味で使っています。これはまるで「友達 3 人を A, B, C ちゃんとすると」という言い方と「友達 3 人を P, Q, R ちゃんとすると」という言い方のどちらでも意味が変わらないのと似ています。本質的な部分が同じであれば表現は何でもいいんですね。

さて本題に戻りましょう。B は $g(x)$ という形の関数の集合で、全ての実数 x で $g(x)$ は正の値をとるという性質を持っています。下の図のようにいつも x 軸よりも上にある関数の集まりという意味です。

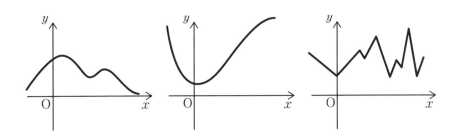

さて集合AとBがどういうものか分かった上で$A \cap B$を考えてみましょう。AにもBにも含まれていなければいけないので

$$A \cap B = \{h(x) | \lim_{x \to \infty} h(x) = 0 \land {}^{\forall}x \in \mathbb{R}, h(x) > 0\} \quad (2.2.10)$$

となります。集合Aと集合Bに入ることの条件を2つ同時に満たしていないといけないので"かつ"で条件が繋がれていますね。すると上に挙げたグラフの中で、$A \cap B$の元になるものはいくつあるでしょうか?

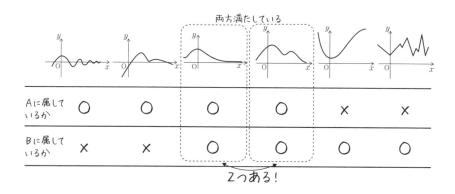

● 和集合

先の例で「スマートフォンを持っている」または「ギターを持っている」人の集まりを考えることもします。今度はスマートフォンかギターかどちらかを持ってさえいればいいので先ほどよりも"緩い"概念であるということが感覚的に分かるかと思います。"緩い"というのは条件としては優しいという意味です。この集合を"かつ"を使った積集合と対比して**和集合**と呼びます。

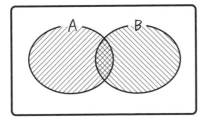
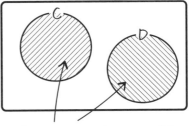

離れているが、合わせて和集合

> 定義 2.2.3（和集合）
> 集合 A と集合 B に対して $\{x|x\in A$ または $x\in B\}$ つまり $\{x|x\in A \vee x\in B\}$ を集合 A と B の**和集合** $A\cup B$ とかく。

例

①

$$A=\{x|x は一番好きな色が赤の人\}$$
$$B=\{x|x は一番好きな色が青の人\}$$

一番好きな色について集合を考えています。一番好きな色が2種類あることはないので A, B はそれぞれ下のように交わりがない集合の絵としてかくことができますね。

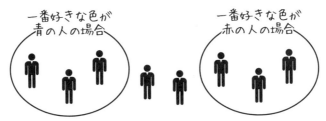

$A\cup B=\{x|x$ は一番好きな色が赤または青の人 $\}$ は、次のようになります。

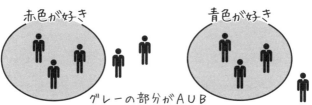

和集合の例はベン図が交わった集合で考えることが多いです。これは要素の数を数えるときに $A \cup B$ の要素の数は一般的には A と B の要素の数を足したものにはならないという例を挙げるためであることに由来します。次の例のような場合も和集合は考えられるので頭に入れておきましょう！

②

$A = \{t | t = 2m,\ m \in \mathbb{Z}\}$　　ただし $\mathbb{Z}$ は整数の集合を表す
$B = \{s | s \in A\}$

こうすると A は偶数の集まりになります。そして B は A からとった元の集合なので結局下の図のようになります。

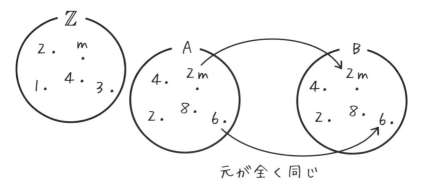

つまり、

$$A \cup B = A = B$$

（実はまだ定義していない ← $=$ の両方）

ということです。

　和集合という考え方は「集合同士の足し算のような概念」になります。和集合とは集合を合わせて作った新しい集合を表しています。
　ここで、$(A \cup B)^c$ と $A^c \cap B^c$ の図を見てみます。

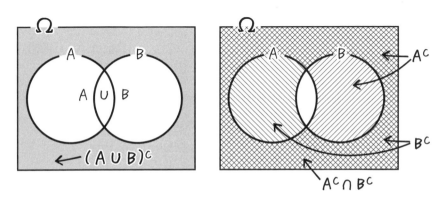

　この関係は集合とその補集合の関係になっています。つまり、集合 A，集合 B に対して

$$(A \cup B)^c \text{ と } (A^c \cap B^c) \text{ は等しい} \tag{2.2.11}$$

が成り立つことが予想されます。確かに「スマートフォンを持っていないかつ、ギターを持っていない」人たちは「スマートフォンまたはギターを持っていない」人たちです。なので等しそうな気がします。しかし最後の例にも挙げましたが集合が等しいことや"＝"はまだ定義していませんよね？　次のページ以後ではこの意味を勉強していきたいと思います。

3 集合が集合に含まれるとは

まず集合の大きさを考えていきましょう。「スーパー成城岩井の商品の集まり」と「スーパー成城岩井のお菓子コーナーの商品の集まり」を考えてみましょう。スーパーには肉、野菜なども売っています。当然スーパー成城岩井のお菓子はスーパー成城岩井の商品ですから下のような絵になると思います。

集合という言葉を使って言い換えれば「スーパー成城岩井の商品の集合」が「スーパー成城岩井のお菓子コーナーの商品の集合」をすっぽり含んでしまっています。この含む、含まれる関係を**包含関係**と呼びます。絵からも分かるように、

　　　"任意の「スーパー成城岩井のお菓子コーナーの商品」は「スーパー成城岩井の商品の集合」の元である"

になります。言い換えると、

　　　"全ての「スーパー成城岩井のお菓子コーナーの商品」は「スーパー成城岩井の商品」である"

という状況になっています。これが成り立つときに包含関係になるわけです。数学の言葉でかいておきましょう。

> 定義 2.3.1（部分集合）
> 集合 A, 集合 B に対して
> $$\forall x, (x \in A \Rightarrow x \in B)$$
> （任意の x に対して A の元ならば B の元でもある）
> が成り立つとき、集合 A は集合 B に含まれるもしくは集合 A は集合 B の**部分集合**といい、$A \subset B$ or $B \supset A$ とかく。

集合の包含関係は常に成り立つわけではありません。例えば $X=\{$ネコ, イカ, 鉛筆$\}$、$Y=\{$ネコ, ゼブラ, 飛行機, CD$\}$ としたとき $X \subset Y$ も $X \supset Y$ も成り立ちません。つまり "集合の大きさ比べはいつでもできるわけではない" ということです（大きさとは単純に含まれている元の個数が大きい（多い）という意味ではないことに注意しましょう）。

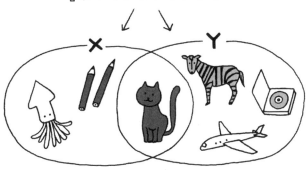

例

①

$$A = \{x \mid x \text{はホームランを年間 } 50 \text{ 本以上打つ野球選手}\}$$
$$B = \{x \mid x \text{はホームランを年間 } 30 \text{ 本以上打つ野球選手}\}$$

感覚から、A が B に含まれるのはお分かりいただけるかと思います。これを論理的に確かめていきましょう。

集合 A に含まれる野球選手を x とすると、x はホームランを年間 50 本以上打ちます。ということは年間 30 本以上も打ちますから集合 B にも含まれています。今、

$$\forall x, \ (x \in A \Rightarrow x \in B)$$

が示されましたので $A \subset B$ ということが分かります。この問題ではたまに、条件文でホームランの本数が 50 本と 30 本だったら 30 本の方が "少ない" → "小さい" → "含まれる" とイメージして、B が A に含まれると勘違いしてしまう人がいます。条件が簡単に見えても、落ち着いてゆっくり読んでみるようにしましょう。

②

少し高度な数学の例を挙げてみたいと思います。

$$C = \{f \mid f \text{ は開区間 } (0, 1) \text{ で微分可能な関数}\}$$
$$D = \{f \mid f \text{ は開区間 } (0, 1) \text{ で連続な関数}\}$$

関数がある区間で微分可能であることと連続であることの厳密な定義は解析学で学びますが、今は高校数学の知識での理解で大丈夫です。微分可能と連続は次のような関係にあります。

> **微分可能性と連続性の関係**
>
> 関数が開区間 I で微分可能ならば開区間 I 上で連続。(2.3.1)
>
> ただし
>
> 関数が開区間 I で連続であっても開区間 I 上微分可能であるとはいえない。 (2.3.2)

図で例を挙げて確認してみます。

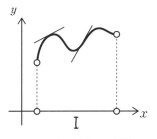

I 上微分可能な関数
⇒ I 上連続

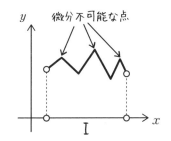

I 上微分不可能な関数

よって、任意の C の集合に含まれる関数 h は必ず微分可能なので (2.3.1) より h は連続関数です。よって

$$\forall h,\ (h \in C \Rightarrow h \in D)$$

が分かりましたから $C \subset D$ ということですね。しかし上図より連続であっても微分可能でない関数が存在するので $D \subset C$ とはなっていないですね。

4 集合が等しいとは

さて集合の大きさ比べができるときがあるといいました。では「2つの集合が同じ」とはどういうときでしょうか？"大きさ"という言葉を使えば"2つの集合の大きさが同じとき"ということができます。もう一歩踏み込んで2つの集合の大きさが同じということはどういうことでしょう？大きさは"⊂"という記号を使って表現されました。この大きさを利用して次のように定義されています。

> 定義 2.4.1
> 集合Aと集合Bに対して$A \subset B$ かつ $B \subset A$が成立するならば集合Aと集合Bは**等しい**といい、$A=B$とかく。

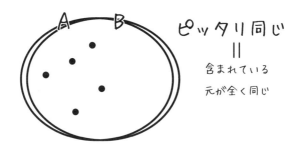

直接的に等しいとはいわないで、「これが成り立つなら同じといわざるを得ないよな〜」という消極的な定義になっていますが個人的にはこうい

う定義は大好物です。とってもかっこいい！ 数学書を読んでいくと今回のような直感的には理解できなかったり、遠回りであったり、感覚と一致しない例がよく出てきます。

ここでやっと集合同士が等しいということが定義されたので先の(2.2.11)を証明してみますが、少し難しいので心構えを。ちなみに80ページの定理1.11.3と同じくド・モルガンの法則 (De Morgan's laws) という名前が付いています。

定理 2.4.2（ド・モルガンの法則）
任意の集合 A, B に対して

$$(A \cup B)^c = (A^c \cap B^c) \tag{2.4.1}$$

が成立する。

> **証明**

集合が等しいことを示すので

(i) $(A \cup B)^c \subset (A^c \cap B^c)$ と (ii) $(A \cup B)^c \supset (A^c \cap B^c)$

を示せばよい。

$\forall x \in (A \cup B)^c$ に対して、

$$\begin{aligned}
x \in (A \cup B)^c &\equiv x \notin (A \cup B) \\
&\equiv x \in \{y \mid \neg (y \in A \lor y \in B)\} \\
&\equiv x \in \{y \mid y \notin A \land y \notin B\} \\
&\quad\text{(80ページ「論理のド・モルガンの法則」)} \\
&\equiv x \notin A \land x \notin B \\
&\equiv x \in A^C \land x \in B^C \\
&\equiv x \in (A^c \cap B^c)
\end{aligned}$$

$x \in (A \cup B)^c \equiv x \in (A^c \cap B^c)$ が導かれたので、2 つの真偽表はぴったり一致するということです。今、$\forall x \in (A \cup B)^c$ に対して考えているので $x \in (A \cup B)^c$ は真になる。よって $x \in (A^c \cap B^c)$ も真になる。

そうすると、
$$\forall x, (x \in (A \cup B)^c \Rightarrow x \in (A^c \cap B^c))$$
が成り立つ。任意の x に対して、x が $(A \cup B)^c$ の元であるならば x は $A^c \cap B^c$ の元となるので部分集合の定義より

$$(A \cup B)^c \subset (A^c \cap B^c) \tag{2.4.2}$$

となる。同様にして、$\forall x \in (A \cup B)^c$ に対して考えると、

$$\forall x, (x \in (A^c \cap B^c) \Rightarrow x \in (A \cup B)^c)$$
(すべての x に対して、x を $(A^c \cap B^c)$ の元とするならば
x は $(A \cup B)^c$ の元)

となるので部分集合の定義より、

$$(A \cup B)^c \supset (A^c \cap B^c) \tag{2.4.3}$$

となる。(2.4.2) 式と (2.4.3) 式より定義 2.4.1 を満たすので

$$(A \cup B)^c = (A^c \cap B^c)$$

□

これで証明は終わりです[*2]。お疲れ様でした。上の証明で図に一切頼っ

[*2] 87 ページで紹介した "→" を用いて証明をすることも可能です。公理と仮定から結論を「導く」という行為は中高の数学で学んでいますので、大学数学でも同じように、感覚的にやってしまう部分があっても構いません。その導く流れを記号化しているのが "→" を用いた推論である、と本書では理解できればよいと思います。

ていないことに注意してください。定義式に則って証明できることを確認してもらいたかったのであえて載せませんでした。これが数学の証明をするときの基本姿勢です。図がなくても正しいことが確認でき、伝えることができればより高いレベルの数学力をつけることができます。

5　集合族

　ここからはより複雑な集合同士の関係について見ていきましょう。
　石井家、小宮山家、松木家、栗原家があったとします。それぞれの家にはお兄ちゃん、おじいちゃん、お父さんなどがいます。
　これは〇〇家というのが「集合」にあたり、各々の家族の中でお兄ちゃんやおじいちゃんは元と考えることができます。ではここでさらに石井家、小宮山家、松木家、栗原家が同じゴールデン町内会に所属しているとしましょう。そうするとこの時ゴールデン町内会は"家族という集合の集まり"と考えることができます。端的にいうと"集合の集合"を考えることになります。数学ではゴールデン町内会は**集合族**といわれます。

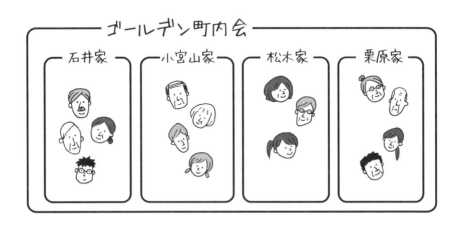

> **定義 2.5.1（集合族）**
> 集合 $A_1, A_2, A_3, ..., A_n$ があったとする。このとき、全ての $k(k=1, 2, 3, \cdots, n)$ で $A_k \in X$ となる X を集合 $A_1, A_2, A_3, ..., A_n$ による**集合族**という。

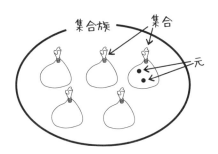

　集合族を考えるときは普通の集合を考えるときと階層が違うイメージを持つといいと思います。数があって、数の集合があって、その集合があって…のように対象の性質が違います。そして一階下の対象にしか元として含むという考えは適用されないというルールがあります。先ほどの例であればゴールデン町内会が集合族に当たるので『石井家の次男』は集合族の元とはいわず、元として考えているのは石井家とか小宮山家という家族単位ということです。

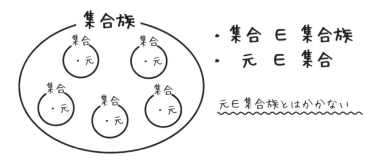

数学の例で見てみましょう。

例

次のような実数の区間を考える。

$$[0, 1] = \{x | 0 \leq x \leq 1\} \quad (0\text{以上}1\text{以下の実数の集まり})$$
$$[-1, 0] = \{x | -1 \leq x \leq 0\} \quad (-1\text{以上}0\text{以下の実数の集まり})$$
$$[1, 2] = \{x | 1 \leq x \leq 2\} \quad (1\text{以上}2\text{以下の実数の集まり})$$
$$[-2, -1] = \{x | -2 \leq x \leq -1\} \, (-2\text{以上}-1\text{以下の実数の集まり})$$
$$\vdots$$

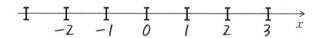

この「区間の集合」を考えるとそれは集合族です。この集合族を K と呼びましょう。

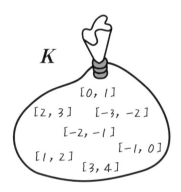

数直線 $\mathbb{R}$ は K の元によって覆われていますが、集合族自体が実数の集

合になるのではないので注意しましょう。これが「階層が違う」ことを表しています。実数全体の集合は $\mathbb{R}$ とかいて

$$\mathbb{R} = (0\text{ 以上 }1\text{ 以下の実数の集まり})$$

または

$(-1\text{ 以上 }0\text{ 以下の実数の集まり})$

または

$(1\text{ 以上 }2\text{ 以下の実数の集まり})$

または

$(-2\text{ 以上 }-1\text{ 以下の実数の集まり})$

または…

$= [0, 1] \cup [-1, 0] \cup [1, 2] \cup \cdots$

となりますが $\mathbb{R}$ はやはり「集合」であって「集合族」K とは違います。しつこくもう一度いっておきます。$\mathbb{R}$ は実数の集合です。元は実数、つまり、数です。K は集合族なので集合の集まりです。元は集合です。全く違うものを対象にしていることを意識しておきましょう。

6 冪（べき）集合

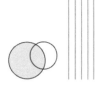

次は石井家にフォーカスして話を進めていきます。石井家という集合は { お父さん , お母さん , 長男 , 次男 , 三男 } の 5 人構成であったとします。いきなりですがこんな問題を考えてみましょう。

問題

家族でたこ焼きパーティーをすることになりました。買い出しにいく人の選び方は全部で何通りあるでしょう。

考え

一番理想的な"全員"というのも一つの選択肢ですし、"長男が 1 人で"というのもあるでしょう。それを全ての通り数考えてみればいいですね。

$$1 人の場合…5 通り（5 人家族なので）$$
$$2 人の場合…10 通り$$

家族 5 人のうち 2 人を選べばいいので高校数学を学ばれた方は $_5C_2$ を計算すればよいし、学ばれてない方でも次のように**樹形図**と呼ばれるものをかいていけば 10 通りであることが分かると思います。

また、

3人の場合…10通り

これも上と同様に $_5C_3$ を計算してみるか樹形図をかいて数えれば、

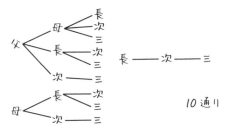

となります。そして、

4人の場合…5通り

これは逆に行かない人を5人の中から1人選べば買い出しにいく4人を選んだことになるので5通り。そして、

5人の場合…1通り

5人全員で行くのは1通りですよね。これで終了…といきたいところですがもう1パターンあって、「誰も行かない」という選択肢があります。たこ焼きパーティーはおこなわれないのでしょうか。少し「ずるいな」と思われた方もいるかもしれません。しかし、数学を勉強するときの心得であった「少しヤな人になる」という部分を思い起こしてください。こうい

った場合に誰も行かない選択肢はないとはかいてないので、誰も行かない選択肢があるんじゃないか、と考えてみるべきなのです。ということで

$$0人の場合\cdots 1通り$$

こちらも入れておきましょう。そうして、全ての通り数を足しあわせると、

$$（買い出しに行く人の選び方）＝1＋5＋10＋10＋5＋1＝32（通り）$$

```
 1  +  5  + 10  + 10  +  5  +  1
 ↑     ↑     ↑     ↑     ↑     ↑
5人   4人   3人   2人   1人   0人
```

というように計算されます。何も集合が関わっていないように感じますが実は関わっていて、

$$石井家に含まれる部分集合$$

を全て数えていたのです。部分集合の数学的定義を忘れてしまった人は戻ってみてください（イメージでは一方が一方にすっぽり含まれている状態のことでしたね）。このようにある集合の部分集合をすべて考えた集合を**冪集合 (power set)** といいます。冪集合は集合の集まりなので集合族といえます。数学的な定義は次のようになります。

> **定義 2.6.1（冪集合）**
> 集合 A に対して、集合族 $\{X|X は集合で X \subset A\ を満たす\}$ のことを**冪集合**といい、2^A とかく。

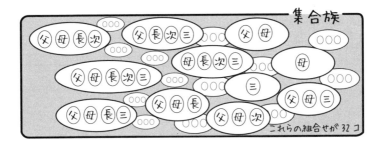

2^3 なら見たことあるけれど 2 の右上に集合があるのは見たことがない！と思われる方もいるかもしれません。安心してください。2 に数の意味はありません。集合 A の冪集合としてただ 2^A とかいているだけで表記の問題です。なぜ 2 が出てくるかというと冪集合には次のような性質があることによります。

> **定理 2.6.2**
> 集合 A の元の数が n 個あるとする。このとき、集合 A の冪集合の元の数（集合 A の部分集合の数）は 2^n 個となる。

証明

集合 A の部分集合の元の数で場合分けしてみます。

部分集合の元の数が 0 個 $\cdots$ 1 通り
部分集合の元の数が 1 個 $\cdots {}_nC_1$ 通り
部分集合の元の数が 2 個 $\cdots {}_nC_2$ 通り
部分集合の元の数が 3 個 $\cdots {}_nC_3$ 通り
$\vdots$

部分集合の元の数が n 個 $\cdots {}_n\mathrm{C}_n$ 通り

よって部分集合の総数は

$$1+{}_n\mathrm{C}_1+{}_n\mathrm{C}_2+{}_n\mathrm{C}_3+\cdots+{}_n\mathrm{C}_n$$
$$={}_n\mathrm{C}_0+{}_n\mathrm{C}_1+{}_n\mathrm{C}_2+{}_n\mathrm{C}_3+\cdots+{}_n\mathrm{C}_n$$
$$\qquad\qquad(\text{2 項定理で } a=b=1 \text{ とおいたものになっている})$$
$$=(1+1)^n$$
$$=2^n$$

□

例

次のような集合を考えてみましょう。

$$U=\{\,\text{地球},\text{火星},\text{土星}\,\} \qquad (2.5.1)$$

この集合の冪集合を考えてみます。冪集合とは部分集合全部の集合なので部分集合を全て挙げると定理 2.6.2 より $2^3=8$ 個あって

$$\{\text{地球},\text{火星},\text{土星}\},$$
$$\{\text{地球},\text{火星}\},\{\text{地球},\text{土星}\},\{\text{火星},\text{土星}\},$$
$$\{\text{地球}\},\{\text{火星}\},\{\text{土星}\},$$
$$\phi$$

となります。つまり U の冪集合 2^U はこれら 8 つが集まった集合になります。

$$2^U=\{\{\text{地球},\text{火星},\text{土星}\},\{\text{地球},\text{火星}\},\{\text{地球},\text{土星}\},$$
$$\{\text{火星},\text{土星}\},\{\text{地球}\},\{\text{火星}\},\{\text{土星}\},\phi\}$$

また、部分集合同士の関係を表す図として**ハッセ図**というものがあります。部分集合に対して含まれる集合について線で繋いでできる図です。数学が持つ対称性がうまく表れている絵で感動します。

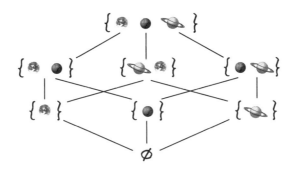

7 商集合

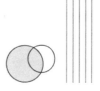

　世界中の人たちの集まりを考えてみましょう。その中で任意に2人 a, b を取り出すとその2人が「知り合いであるか」「知り合いでないか」を考えることができると思います。任意の2人 x, y を取り出して「x は y よりも足が速いか」「x は y よりも足が遅いか」を考えることもできると思います。このように、ある集合の全ての2元について関係があるか否か（そうであるか否か）がはっきり決まっている規則を**集合上の2項関係**といいます。例を見てみましょう。

例

①

　三角形の集合において合同関係 "≡" は2項関係である。
　こちらも任意の2つの三角形に対して合同であるか否かが決まっています。

②

　自然数の集合 $\mathbb{N}$ において "大小関係≤" は2項関係である。
　例えば2と5が取り出されたとした場合、2よりも5が大きい（つまり $2 \leq 5$）ということが決まっているように全ての2つの自然数に対して大小関係がはっきり決まっています。

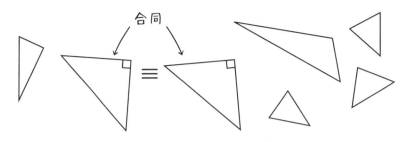

2項関係の使い方としては、

「集合 A に2項関係が入っている」
「集合 A の全ての元 x, y に2項関係がある」言い換えると
「集合 A の全ての元 x, y について、$x \sim y$ が成り立つ」

という使い方をします。$\sim$ は先ほどの例ですと $\equiv$ や $\leq$ が当てはまります。現代数学では関係の定義は集合を用いて定義されますがとても難解です。ここでは使い方と実例で理解しておくことをお勧めします。

また2項関係は「左右の順番」も考えて「x と y に2項関係があるかないか」と「y と x に2項関係があるかないか」は別のものと考えます。この2項関係でかつ、次のような性質があるものを**同値関係**といいます。

同値関係の性質

集合 A 上で
1. 任意の2元 x, y に対して2項関係があるとき元の順番をひっくり返してもその2項関係がある。
2. 任意の元に対して自分自身とその2項関係がある。
3. 任意の3元 x, y, z に対して x と y、y と z に2項関係があるとき x と z に2項関係がある。

"世界中の人たちの中での知り合い関係" という 2 項関係について同値関係があるかどうか確かめてみます。

1. 世界中の任意の 2 人 x, y に対して、x と y が知り合いならば y と x も知り合いである。
2. 哲学的な話になってしまいますが自分自身のことはさすがに知っているでしょうから自分は自分と知り合いでしょう。
3. 安倍首相とオバマ大統領は知り合いで、安倍首相と小学校のときのお友達は知り合いですが、安倍首相の小学校のときのお友達とオバマ大統領は知り合いではないでしょう（おそらく）。

ということで世界中の人たちの中での知り合い関係は同値関係にはなっていません。

次に日本人は誰しも中学校に通っていたとして卒業した中学校で考え、「日本人全体の中で出身中学校が同じ」という関係が同値関係になるかどうかを考えてみます。

1. 日本人 x と y が出身中学校が同じならば y と x も出身中学校は同じになります。

2. どんな人も、自分と自分は出身中学校が同じになりますね。
3. 任意の日本人 3 人 x, y, z に対して、x と y が出身中学校が同じでかつ y と z の出身中学校も同じならば x と z の出身中学校も同じになります。

ということで先ほどの 1 ～ 3 が確かめられましたので日本人全体の中で出身中学校が同じ関係は同値関係になっています。

定義 2.7.1（同値関係）
集合 A 上に 2 項関係 "$\sim$" があるとする。以下の 3 つを満たすとき 2 項関係 "$\sim$" は**同値関係**という。

1. $\forall x, y \in A, (x \sim y \Rightarrow y \sim x)$（対称律）
   任意の A の元 x, y に対して x と y に同値関係があるならば y と x にも同値関係がある。
2. $\forall x \in A, (x \sim x)$（反射律）
   任意の A の元 x に対して x と x に同値関係がある。
3. $\forall x, y, z \in A, (x \sim y \land y \sim z \Rightarrow x \sim z)$（推移律）
   任意の A の元 x, y, z に対して x と y に同値関係があり、かつ y と z に同値関係があるならば x と z に同値関係がある。

出身中学校が同じという関係は同値関係になることが分かったのでこれを用いて次のような集合を考えてみます。

$$A_1 = \{\,読者と出身中学校が同じ人たちの集まり\,\} \quad (2.7.1)$$

そうすると OB を含めた同窓会ができますね。そして A_1 に入っていない別の中学校の人を一人選んで x くんとします。そしてまた x くんと

同じ出身中学校の人たちで集合を作ります。

$$A_2 = \{x\,\text{君と出身中学校が同じ人たちの集まり}\} \qquad (2.7.2)$$

こうすると A_1, A_2 は交わりが全くありません。もし交わりがあるとすれば誰かが2つの中学校を卒業したことになってしまいます。

このようにして出身中学校が同じ人たちで MECE に集合を分けることができます。

ここで、A_1 を考えたときに「読者」と同じ出身中学校の人、ということで集合を構成しましたが、「読者の3年生のときの隣の席の人」と同じ中学校の人を集めてきても同じ集合 A_1 が作られると思います。代表的に「読者」や「読者の3年生のときの隣の席の人」を選び出しただけで本質的には大きく変わらないので、これらを**代表元**といいます。作ったこの集合 A_1, A_2, … をそれぞれ出身中学校が同じという同値関係による**同値類**とか**類**といいます。また、集合を上のように MECE に分けることを日本人の出身中学校が同じという同値関係による**類別**といいます。最後に同値類は集合ですので同値類を全て集めた集合族を日本人の出身中学校が同じという同値関係による**商集合**と呼びます。

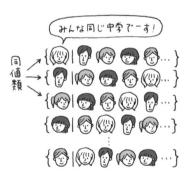

数学での定義をかいておきましょう。

> **定義 2.7.2（同値類）**
> 集合 A に同値関係 $\sim$ が入っているとする。このとき $a \in A$ に対して集合
> $$\{x \mid x \in A,\ x \sim a\} \tag{2.7.3}$$
> を**代表元 a の同値類**もしくは**類**という。

注意しなければいけないのは $a \in A$ ごとに代表元 a の同値類が決まりますが、同値類は任意の A の元に対して定義されるので、例えば a と同値関係があった b に対して同値類を考えることもあります。このときは明らかに a を代表元とした同値類と同じ集合になると思います。この場合 b を代表元にしても新たな同値類は生まれないと考えます。

同値類で集合が MECE になることを示しておかなければなりません。まず、MECE をしっかり定義しておきます。

> **定義 2.7.3（MECE）**
> 集合 A に対して集合 A の部分集合による集合族 $\{A_\lambda\}_{\lambda \in \Lambda}$ が集合 A で MECE であるとは
>
> 1. $\displaystyle\bigcup_{\lambda \in \Lambda} A_\lambda = A$ \hfill (2.7.4)
> 2. $\forall \xi, \eta \in \Lambda, (\xi \neq \eta \Rightarrow A_\xi \cap A_\eta = \phi)$ \hfill (2.7.5)
>
> を満たすこと。

1. は A の部分集合の集まりである集合族 $\{A_\lambda\}_{\lambda \in \Lambda}$ の和集合は集合 A になるといっています。Λ は**添字集合**といいます。Λ から元を取り出してそれを集合にラベル付けしていくイメージです。

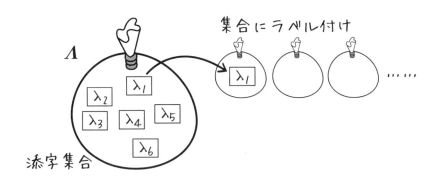

ラベル付けなら、番号でもいいじゃないか？ と思われたかもしれませ

ん。それはとてもいい疑問です。なぜわけの分からない集合 Λ という集合を持ち出してきているかというと理由は少し複雑です。部分集合の数は必ずしも有限個とは限りませんし、無限個であっても自然数と同じ数（可算無限個といいます）とは限らないので、より一般的な集合を持ち出してラベル付けをしているのです。

2. は $\{A_\lambda\}_{\lambda \in \Lambda}$ の中のどんな（任意の）異なる2つの集合をとっても共通部分は空集合、つまり重なりはないということを表しています。

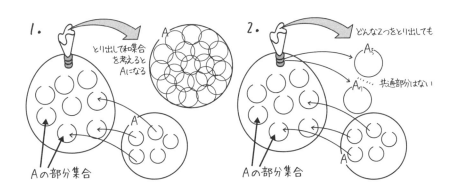

これをもとに次の定理を証明してみましょう。

定理 2.7.4（類別）

集合 A に同値関係 $\sim$ が入っているとする。集合 A の $\sim$ による同値類の集合族は集合 A で **MECE** である。

（このことを集合 A の同値関係 $\sim$ の同値類による**類別**という）

証明

集合 A の ～ による同値類を全ての $y \in A$ に対して、違う同値類には違う添字 $\lambda \in \Lambda$ を付けることにして次のようにかく[*3]。

$$A_\lambda = \{x | x \sim y,\ x \in A\}$$

MECE の定義より式 (2.7.4)、式 (2.7.5) を確かめればよい。

まずは、式 (2.7.4) を確かめる。A_λ は全ての λ で $A_\lambda \subset A$ が成り立つことより

$$\bigcup_{\lambda \in \Lambda} A_\lambda \subset A \tag{2.7.6}$$

また、$\forall a \in A$ に対して $\exists \mu \in \Lambda\ s.t.(a \in A_\mu)$（必ず A の元は $\{A_\lambda | \lambda \in \Lambda\}$ のどれかの集合の中に入っている）ので

$$\begin{aligned} & a \in A \\ \equiv\ & a \in A_\mu \subset \bigcup_{\lambda \in \Lambda} A_\lambda \\ \equiv\ & a \in \bigcup_{\lambda \in \Lambda} A_\lambda \end{aligned}$$

よって $\forall a, (a \in A \Rightarrow a \in \bigcup_{\lambda \in \Lambda} A_\lambda)$ といえたので

$$A \subset \bigcup_{\lambda \in \Lambda} A_\lambda \tag{2.7.7}$$

[*3] 右辺に λ が出てこないので違和感があると思います。同値類は代表元 y に依存するので、例えば A_y とかくと分かりやすそうですが、$z \sim y$ を満たす z を代表元とする同値類はそのルールでかくと A_z となります。そうなると、「すべての $y' \in A_y$ に対して $y' \in A_z$」と「すべての $z' \in A_z$ に対して $z' \in A_y$」となるので集合として $A_y = A_z$ となってしまいます。つまり同じ集合を違う記号でかくことになってしまい混乱を生みます。なので、「y も z も同じ同値類を表す他の代表元もすべてまとめた文字」を用意しています。それが添字集合の元です。こういうわけでしばしば添字集合が用意されています。

式 (2.7.6)、式 (2.7.7) より

$$\bigcup_{\lambda \in \Lambda} A_\lambda = A \tag{2.7.8}$$

が分かる。

つぎに、式 (2.7.5) が成り立っていることを確かめる。任意の $\xi, \eta \in \Lambda$ を $\xi \neq \eta$ となるようにとる。このとき同値類の添字の付け方から $A_\xi \neq A_\eta$ である。しかし、もし A_ξ と A_η に共通の元 z があったとすると z は A_ξ の全ての元と同値関係を持ち、また A_η の全ての元とも同値関係を持つ。よって A_η も z を代表元とする同値類ということになるので $A_\xi = A_\eta$ となり同値類のとり方に矛盾する。よって背理法より任意の $\xi, \eta \in \Lambda$ を $\xi \neq \eta$ となるようにとったとき同値類 A_ξ と A_η に共通の元はない。つまり共通部分は空集合である。

以上より集合 A とその同値関係 "～" に対して、同値類は集合 A を MECE に分ける。

□

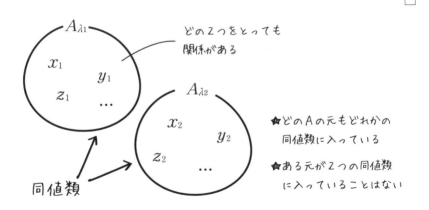

これで、どんな集合も同値関係が入っていれば同値類によって MECE に分けられることが分かりました。これを用いた概念が次でしたね。

定義 2.7.5（商集合）

集合 A に同値関係 $\sim$ が入っているとし、集合 A の同値関係 "$\sim$" による同値類 $A_\lambda (\lambda \in \Lambda)$ とする（Λ は添字集合）。このとき次の集合族

$$A/\sim = \{A_\lambda | \lambda \in \Lambda\}$$

を集合 A の同値関係 $\sim$ による**商集合**という。

例

有名な数学の例を挙げておきましょう。

整数の集合 $\mathbb{Z}$ 上で考えます。まず合同式を定義しておきます。

定義 2.7.6（合同式）

3つの整数 a, b, m に対して、a と b をそれぞれ m で割った余りが等しいとき「a と b は m を法として合同」といい、次のようにかく。

$$a \equiv b \pmod{m} \tag{2.7.9}$$

この表現を**合同式**という。

これは a と b の m で割った余りに注目して数学をやっていこう、ということです。これは整数の集合上の同値関係になります。確認してみましょう。

> **補題 2.7.7**
> 上で定義した "$\equiv$" は整数の集合上の同値関係になる。

証明

161 ページの定義 2.7.1 を確認する。

（対称律）

整数 x と y を m で割った余りが等しいとき、$x \equiv y \pmod{m}$ とかくが、このとき y と x を m で割った余りも等しくなるので $y \equiv x \pmod{m}$ となる。

（反射律）

整数 x と x を m で割った余りは当然等しいので $x \equiv x \pmod{m}$

（推移律）

整数 x, y, z に対して、$x \equiv y \pmod{m}$ かつ $y \equiv z \pmod{m}$ が成り立つとする。このとき "x と y の m で割った余りは等しい" かつ "y と z の m で割った余りは等しい" となるので、

$$(x \text{ を } m \text{ で割った余り}) = (y \text{ を } m \text{ で割った余り}) = (z \text{ を } m \text{ で割った余り})$$

より（x を m で割った余り）＝（z を m で割った余り）が分かる。つまり $x \equiv z \pmod{m}$。以上より "$\equiv$" は同値関係の条件を満たす。

$\square$

よって "$\equiv$" が整数上の同値関係になっていることが分かりました。
$m=5$ として、「5 で割った余り」で同値類を作ってみます。具体的には、

$$\overline{0} = \{k \mid k \equiv 0 \pmod{5},\ k \in \mathbb{Z}\}$$

これは 5 で割った余りが "0 を 5 で割った余り" と等しくなる数の集合です。つまりこれは 5 の倍数ですね。つまり

$$\overline{0} = \{0,\ 5,\ -5,\ 10,\ -10,\ 15,\ -15,\ 20,\ \cdots\}$$

となっているということです。同様にして、

$$\overline{1} = \{k \mid k \equiv 1 \,(\mathrm{mod}\,5),\ k \in \mathbb{Z}\}$$

は 5 で割った余りが "1 を 5 で割った余り" と等しくなる数の集合、つまり余りが 1 になる数の集合です。つまり

$$\overline{1} = \{1,\ 6,\ -4,\ 11,\ -9,\ 16,\ -14,\ 21,\ \cdots\}$$

となっています。このようにして $\overline{2},\ \overline{3},\ \overline{4}$ を作っていきます。5 で割った余りは 5 通りなので $\overline{4}$ まで作れば十分ですね。こうしてできた集合族を次のようにかくことが多いです。

$$\mathbb{Z}/5\mathbb{Z} = \{\overline{0},\ \overline{1},\ \overline{2},\ \overline{3},\ \overline{4}\}$$

これは同値関係 "≡" による商集合ですね[*4]。この余りに注目した同値類を**剰余類**といいます。

---

*4 本書の定義によると商集合は $\mathbb{Z}/\equiv$ とかかれますが、ここでは慣例に従って $\mathbb{Z}/5\mathbb{Z}$ としています。

8 直積集合

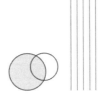

　男子5人女子4人で遊園地に行ったときを考えてみましょう。そこで、2人乗りのジェットコースターに乗るとき男女でペアを作ることを考えます。男子が一人余ってしまう微妙な状況ですね！　途中ジェットコースターの左側から水が吹き出るので男子が左側に座ることにしました。このときに左に男子、右に女子のペアを考えます。

$$A \cdots 男子の集合 = \{ 一郎, 次郎, 三郎, 四郎, 五郎 \}$$
$$B \cdots 女子の集合 = \{ 栄子, 美井子, 椎子, 出井子 \}$$

として男女のペアは、

(一郎, 栄子)　(一郎, 美井子)　(一郎, 椎子)　(一郎, 出井子)
(次郎, 栄子)　(次郎, 美井子)　(次郎, 椎子)　(次郎, 出井子)
(三郎, 栄子)　(三郎, 美井子)　(三郎, 椎子)　(三郎, 出井子)
(四郎, 栄子)　(四郎, 美井子)　(四郎, 椎子)　(四郎, 出井子)
(五郎, 栄子)　(五郎, 美井子)　(五郎, 椎子)　(五郎, 出井子)

となります。このペア全部の集合を男子の集合と女子の集合の**直積集合**といいます。以下のようにかいたりします。

$$(男子の集合) \times (女子の集合) = \{ (男子, 女子) のペアの集合 \} \quad (2.8.1)$$

かけ算の記号"×"が出てきていますが、集合と集合に決められた記号なので、実際に数の意味でかけ算を計算したりするわけではありません。また、(男子の集合) × (女子の集合) と逆にした (女子の集合) × (男子の集合) は違うものと考えています。つまり、「順序」があるので注意しておきましょう。つぎに数学的な定義をかいておきます。

> **定義 2.8.1**（順序対）
> 何らかの対象を二つ並べた対象を**順序対**といい、対象が a, b であれば (a, b) とかき、a を順序対 (a, b) の**第 1 成分**といい、b を順序対 (a, b) の**第 2 成分**という。
> また、2 つの順序対 (a, b) と (x, y) が等しいとは
>
> $$a = x \text{ かつ } b = y \tag{2.8.2}$$
>
> が成り立つことをいう。

この定義に関しては集合で定義する方法もありますが感覚に近いものを採用しました。順序対は $x \neq y$ ならば $(x, y) \neq (y, x)$ ということに注意してください。

> **定義 2.8.2**（直積集合）
> 集合 A, 集合 B に対して A と B の**直積集合**とは $A \times B$ とかいて、以下で定義される。
>
> $$A \times B = \{(a, b) | a \in A, b \in B\} \tag{2.8.3}$$

集合 A と集合 B で作られる順序対全部の集合が直積集合になるということですね！

> **例**

この直積集合の考え方は実は中学数学を勉強された方なら誰もが使っていた考え方です。それは **xy 平面** です。

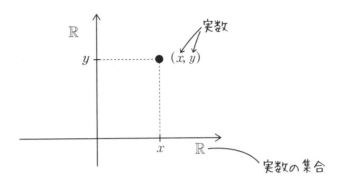

xy 平面は実数の集合（$\mathbb{R}$）と実数の集合（$\mathbb{R}$）の直積集合です。定義どおりかいてみると

$$\mathbb{R} \times \mathbb{R} = \{(x,\ y) | x \in \mathbb{R},\ y \in \mathbb{R}\} \tag{2.8.4}$$

となります。順序対 (x, y) の第 1 成分も第 2 成分も実数値になるということで、これは xy 平面でいう「座標」にあたりますね。なので xy 平面にグラフをかいたりしていた問題はすべてこの直積集合上で考えていたのです。$\mathbb{R} \times \mathbb{R}$ を $\mathbb{R}^2$ とかいたりします。さらに拡張して、2 つの組から 3 つの組を考えたりすることもできます。それが xyz 空間になるわけです。

9 写像

皆さん音楽は聞きますか？ 世界中の楽曲の集合と世界中のアーティストの集合を考えてみましょう。そして全ての楽曲にメインで演奏しているアーティストを対応させることを考えてみましょう。

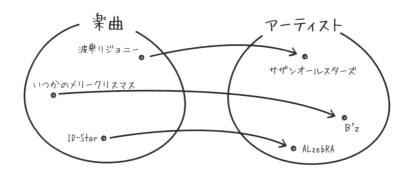

この世界中の楽曲の集合に世界中のアーティストの集合を対応させる規則を数学では**写像**と呼びます。この写像の考え方はとても汎用性が高くいろいろなところで応用することができます。数学は集合と写像でできているといっても過言ではありません。そのくらい大切な概念なのです。

> **定義 2.9.1（写像）**
> 集合 A と集合 B があるとする。集合 A の任意の一つの元に対して集合 B の元が一つ決まる規則があるとき、その規則を A から B への**写像**という。またこのとき、
>
> $$f : A \to B$$
> $$\cup \quad \cup$$
> $$a \mapsto b$$
>
> とかいて元 a には元 b が対応することを表す。「f で a を移した先が b である」などという。

写像はある集合とある集合の間の規則で決められています。そこで、写像を考えている集合に以下のように名前が付いています。

> **定義 2.9.2（始集合，終集合）**
> f を集合 A から集合 B への写像とする。このとき、集合 A のことを**始集合**といい、集合 B のことを**終集合**という。

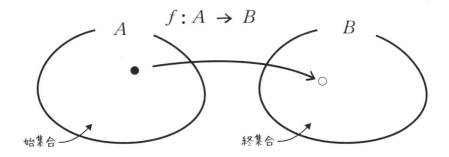

> **定義 2.9.3（定義域，値域）**
> f を集合 A から集合 B への写像とする。このとき、集合 A のことを**定義域**（domain）といい、集合 B の中で A の元を移した元の集合のことを**値域**（range）や**像**（image）といい $\mathrm{Im}(f)$ とかく。

　ここで注意したいのは集合 A の元に対しては必ず対応する集合 B の元があるということなので、規則が決まっていない A の元はあってはいけないということ、集合 B の元に複数対応がついていてもいいということ、そして、逆に対応しない集合 B の元があってもいいということです。短い文章の中にこんなにも自由度が隠れています。数学では主張された内容をそっくりそのまま受け止めるだけでなく、「こんなことが考えられる」や「こんなことは起こらない」などと分析をしていくとその概念についてより深く知ることができますので是非やってみましょう。

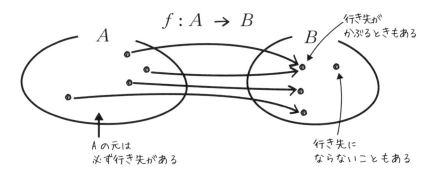

例

$$f : \mathbb{R} \to \mathbb{R}$$
$$\cup \quad \cup$$
$$x \mapsto x^2$$

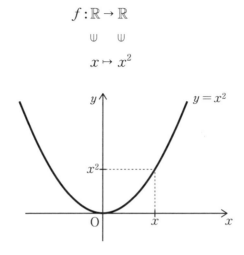

この f は実数の集合 $\mathbb{R}$ から $\mathbb{R}$ への写像です。ちゃんと全ての実数に対して数が対応していますね。

この例を見て、**関数**じゃないか！ と思われた方もいるかと思います。その通りで、実は関数は写像の特別な場合です。関数は下のように定められます。

定義 2.9.4（関数）

f を集合 A から集合 B への写像とする。このとき、値域 $\mathrm{Im}(f)$ が実数 $\mathbb{R}$（複素数 $\mathbb{C}$）の部分集合になっているとき、f を集合 A から B への（**汎**）**関数**という。

したがって写像は関数をより一般化した概念ということになります。

コーヒーブレイク

"規則"という言葉は曖昧なもので、この規則を使って定義された「写像」を数学的に厳密に定義する立場があります。そのためには「順序対」の定義も見直さなくてはいけなくて、少しややこしいですが数学を集合で説明する立場から述べてみましょう。

> **定義 2.9.5（順序対のもう一つの定義）**
> 集合 A の元 a と集合 B の元 b に対して順序対を次で定義する。
> $$(a, b) = \{\{a\}, \{a, b\}\} \tag{2.9.1}$$

先ほど学んだペアを無機質な集合で定義しています。一目見ただけではこれがペアを表しているとは気付きませんが順序対と同じ性質を持っていることを示します。

> **命題 2.9.6**
> 上の定義のとき $(a, b) = (x, y) \Leftrightarrow a = x$ かつ $b = y$ が成り立つ。

証明

(i) $a = x$ かつ $b = y$ のとき $(a, b) = (x, y)$ となることはあきらか。

(ii) $(a, b) = (x, y)$ のとき $a = x$ かつ $b = y$ が成り立つことを示す。

$$(a, b) = (x, y) \Leftrightarrow \{\{a\}, \{a, b\}\} = \{\{x\}, \{x, y\}\}$$

二つの集合が等しいので、

$$\forall t \in \{\{a\}, \{a, b\}\} \Rightarrow t \in \{\{x\}, \{x, y\}\} \tag{2.9.2}$$
$$\forall s \in \{\{x\}, \{x, y\}\} \Rightarrow s \in \{\{a\}, \{a, b\}\} \tag{2.9.3}$$

が成り立つ。

[1] $a=b$ のとき

式 (2.9.2) は、

$$\forall t \in \{\{a\}\} \Rightarrow t \in \{\{x\}, \{x, y\}\}$$

と書き換えられるので $\{a\}=\{x, y\}$ が成り立つ。これより

$$x \in \{x, y\}, \ x \in \{a\}$$

なので $x=a$。同様に $y \in \{x, y\}, \ y \in \{a\}$ より $y=a$。これらを合わせると

$$a=x=y$$

となる。$a=b$ のときを考えているので

$$a=x \ \text{かつ} \ b=y$$

が示された。

[2] $a \neq b$ のとき

例えば式 (2.9.3) より、

$$\{x\}=\{a\} \qquad (2.9.4)$$
$$\text{または} \ \ \{x\}=\{a, b\} \qquad (2.9.5)$$

が得られる。式 (2.9.5) のとき、[1] のときの証明と同じようにして考えると $a=b=x$ を得る。しかし [1] の仮定 $a \neq b$ に矛盾するので式 (2.9.5) はありえない、よって式 (2.9.4)、つまり $\{x\}=\{a\}$ となる。

よって

$$x = a \quad (2.9.6)$$

である。すると (2.9.2) は、

$$\forall t \in \{\{a\}, \{a, b\}\} \Rightarrow t \in \{\{a\}, \{a, y\}\}$$

と書き換えられるので、$\{a, b\} \in \{\{a\}, \{a, y\}\}$である。このことより

$$\{a, b\} = \{a\} \quad (2.9.7)$$
$$\text{または } \{a, b\} = \{a, y\} \quad (2.9.8)$$

が得られる。式 (2.9.7) のとき、

$$\forall u \in \{a, b\}, u \in \{a\}$$

であるから、$u=b$とすると$a=b$が導かれるので再び［2］の仮定$a \neq b$に矛盾するのでこれはありえない。よって式 (2.9.8)、つまり$\{a, b\} = \{a, y\}$が導かれる。最後に、このとき

$$\forall v \in \{a, b\}, v \in \{a, y\}$$

であるから、$v=b$とすると［2］の仮定$a \neq b$により$b=a$はありえないから

$$b = y \quad (2.9.9)$$

が導かれる。以上式 (2.9.6)、式 (2.9.9) より$a=x$かつ$b=y$が示された。

以上より(ii)の証明ができた。

□

さて、新しい定義でも先の順序対の性質を持っていることが分かりました。順序対をこのように定義しても問題ないということですね。ではこれを用いた写像の定義をしたいと思います。ただし直積集合 $A \times B$ は順序対の集合で定義されること自体は変わりません。

> **定義 2.9.7（写像のもう一つの定義）**
> 集合 A と集合 B に対して直積集合 $A \times B$ の部分集合 f が次を満たすとする。
> $$^\forall a \in A, \ ^{\exists 1} b \in B \ s.t.((a, b) \in f)$$
> 任意の A の元 a に対して、(a, b) が集合 f の元になるような B の元 b が唯一存在する。
> このとき f を A から B への**写像**という。

はじめに "∃!" の記号ですが「唯一存在する」という意味で使います。"!" がついていなければ、任意の A に対して、いくつか b がとれてもよいことになってしまいますが "!" がついていると任意の a に対して一つだけ b が必ずとれるということになります。この定義をよく読んでみると、写像 f は直積集合 $A \times B$ の部分集合とあります。つまり写像という感覚的には対応づける「規則」を集合、つまり「ものの集まり」として捉え直すことができるなんて感動的ですね！ このような数学の立場を認めない方も当然いると思います。実際数学の哲学においては様々な学派があり、

今までの証明で用いた背理法を認めない直観主義と呼ばれる立場や、記号の羅列こそが数学であるという形式主義という立場もあります。

10 写像の性質

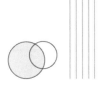

さて写像で次のような状況を考えてみましょう。

1. アイドルの総選挙で投票券1枚に対して投票するアイドル（1票も入らない場合もあるとする）を対応させる写像 f
2. 日本人全員に対して住んでいる都道府県を対応させる写像 g
3. 100人参加のビンゴ大会の景品20個に対して当選した人を対応させる写像 h
4. 航空機の搭乗者250人に対して250の座席を対応させる写像 i

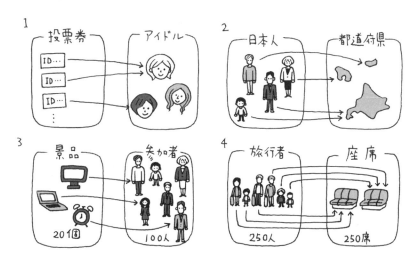

上の写像はすべて異なる特徴を持った写像を考えています。写像の定義のところでも述べましたが、対応の仕方に特徴があります。それらをどん

どん見ていきましょう。

1. は前ページのようなイメージ図になります。

投票されないアイドルもいると仮定して（本家はいなかったと記憶していますが）いるので矢印がアイドル全員には向いてないですし、人気のメンバーに複数の矢印が向いています。普通の写像というわけです。特に名前は付いていませんが、これから挙げるような特徴を持っていない集合として「〜ではない集合」のように排他的に表現されることが多いです。

● 全射

2. の日本人全員に対して住んでいる都道府県を対応させる写像 g は下のようになっています。

どの都道府県にも矢印の先が向いている状態で、一人も住んでいない都道府県は存在しない写像になっています。このときこの写像は**全射**であるといいます。写像 g の像 $\mathrm{Im}(g)$ がそっくりそのまま行き先になってい

るときと考えてよいでしょう。

> **定義 2.10.1（全射）**
> f を集合 A から集合 B の写像とする。以下を満たすとき、写像 f は**全射**という。
> $$\{y|f(x)=y,\ x\in A\}=B$$
> （集合 A の元 x を移してできる元 $f(x)=y$ 全部の集合が B と一致する）

実際に確かめたり証明したりする際には次の表現も使えます。

$$\forall y\in B,\ \exists x\in A\ s.t.(f(x)=y) \tag{2.10.1}$$

任意の行き先 B の元 y に対して、y をとるごとにその y に飛ぶような元が 1 つは存在するということです。

例

① $f:[-1,\ 1]\to[-1,\ 1]$ となる関数 f を $f(x)=x^3$ で定めたとき、f の像を考えると、

$$\mathrm{Im}(f)=\{y\mid y=x^3,\ x\in[-1,\ 1]\}=[-1,\ 1] \tag{2.10.2}$$

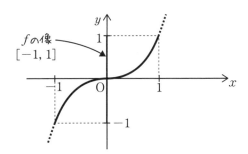

よって全射であることが分かります。

② $p: \mathbb{R} \to (0, 10]$ となる関数 p を $p(x) = \dfrac{1}{\sqrt{2\pi}} e^{-\frac{x^2}{2}}$ で定めたとき、微分して増減表をかくなりして p の像を考えてみると、

$$\mathrm{Im}(p) = \{y \mid y = \dfrac{1}{\sqrt{2\pi}} e^{-\frac{x^2}{2}},\ x \in \mathbb{R}\} = (0, \dfrac{1}{\sqrt{2\pi}}] \quad (2.10.3)$$

となりますが $(0, \dfrac{1}{\sqrt{2\pi}}]$ は真に[*5] $(0, 10]$ に含まれるので像とは一致しません。よって全射ではないと分かります。

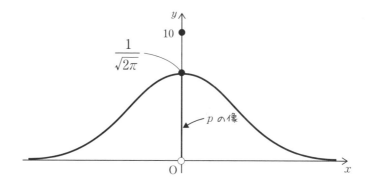

ちなみにこの関数は統計学の最も基本的な分布といわれている**標準正規分布**です。ガウスが誤差の研究をしている際に発見したといわれています。

[*5] 集合同士の包含関係 "$A \subset B$" は A と B が集合として一致しているときにもこの表現がされます。しかし A が B にすっぽり含まれていて、一致することがない状況のとき「A は B に真に含まれる」と表現されます。

● 単射

次に 3. に注目してみましょう。

3. 100 人参加のビンゴ大会の景品 20 個に対して当選した人を対応させる写像 h

ビンゴ大会ではビンゴになった人から商品をゲットして抜けていきますから図をかいてみると明らかなように、商品を 2 つもらったりすることはありません（写像 h は商品に対してそれを持っていった人を対応させていることに注意しましょう）。

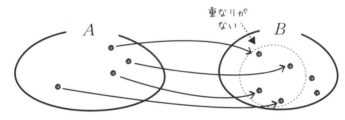

このように重なりなく対応がついているときその写像は**単射**といいます。ただし矢印が向かない終集合の元も存在することに注意しましょう。単射の数学的定義は少し間接的ですが意味が分かると納得できると思います。見てみましょう。

定義 2.10.2（単射）

f を集合 A から集合 B への写像とする。以下を満たすとき写像 f は**単射**であるという。

$$\forall x \in A, \; \forall y \in A, \; (x \neq y \Rightarrow f(x) \neq f(y)) \quad (2.10.4)$$

（任意の集合 A の元 x, y に対して x と y が違う元ならば移した先の $f(x)$ と $f(y)$ も違う元である）

やはり集合の言葉によって矢印の行き先の重なりがないことを示していますね。集合論という感じがしてきます！ちなみに条件式 (2.10.4) 以外にもこの対偶を考えた条件で定義されることもあります。それも載せておきます。

> **定義 2.10.3（もう一つの単射の定義）**
> f を集合 A から集合 B への写像とする。以下を満たすとき写像 f は**単射**であるという。
> $$\forall x \in A,\ \forall y \in A,\ (f(x)=f(y) \Rightarrow x=y)$$
> （任意の A の元 x, y に対して $f(x)=(y)$ ならば $x=y$ である）

こちらが条件式 (2.10.4) と同じ意味になります。どちらも「行き先は同じにはならない」ということを述べているかどうかチェックしてみるとよいでしょう。

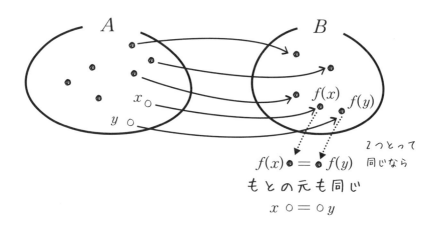

例

① 集合 $A = \{$みかん, リンゴ, バナナ$\}$ から自然数の集合 $\mathbb{N}$ に次のように写像 h を定める。

$$h(みかん) = 3$$
$$h(リンゴ) = 900$$
$$h(バナナ) = 257$$

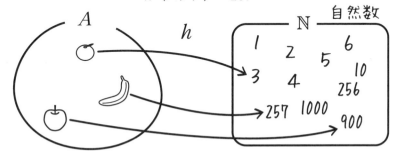

このとき、どの A の異なる 2 つの元をとっても行き先は違っています。

$$みかん \neq リンゴ \Rightarrow h(みかん) \neq h(リンゴ)$$
$$みかん \neq バナナ \Rightarrow h(みかん) \neq h(バナナ)$$
$$リンゴ \neq バナナ \Rightarrow h(リンゴ) \neq h(バナナ)$$

よって h は単射であることが分かります。

② 自然数の集合 $\mathbb{N}$ から自然数の集合 $\mathbb{N}$ に次のように写像 s を定める。

$$\begin{array}{c} s: \mathbb{N} \to \mathbb{N} \\ \cup\quad \cup \\ n \mapsto 2n \end{array}$$

このとき任意の $\ell, m \in \mathbb{N} (\ell \neq m)$ に対して

$$s(\ell) = 2\ell$$
$$s(m) = 2m$$

となる。$\ell \neq m$ より $\ell - m \neq 0$ だから、

$$s(\ell) - s(m) = 2\ell - 2m = 2(\ell - m) \neq 0$$

となり $s(\ell) \neq s(m)$ が導かれ、よって s は単射であることが分かります。

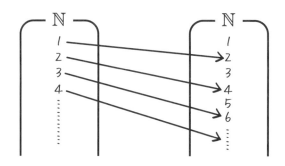

ここで扱った集合は元が数えきれない程多い場合を考えています。つまり**無限集合**という集合を扱っています。無限集合を扱った場合にも全射や単射の概念は成り立ちます。

● 全単射

最後に 4. を見てみましょう。

　4. 航空機の搭乗者 250 人に対して 250 の座席を対応させる写像 i

対応させた結果、空席がない状態になりさらに 250 人が重なりなくもれなく座席に座りますね。この写像は 2. 3. を組み合わせた形、言い換えると全射かつ単射の写像ということです。そのことからこのような写像は**全単射**と呼ばれます。

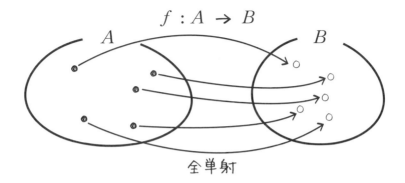

写像を考えている 2 つの集合の元が一つ一つもれなく対応していることから「一対一対応の写像」ともいわれます。イメージがとてもしやすいのではないかと思います。定義もとてもシンプルです。見てみましょう。

定義 2.10.4（全単射）
f を集合 A から集合 B への写像とする。f が全射かつ単射であるとき、写像 f は**全単射**であるという。

全射、単射と定義が分かっていれば分かりやすい定義ですね。例を見てみましょう。

例

① 実数の集合 $\mathbb{R}$ から実数の集合 $\mathbb{R}$ に写像 t を次のように定める。

$$t : \mathbb{R} \to \mathbb{R}$$
$$\cup \quad \cup$$
$$x \mapsto 4x^3$$

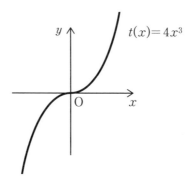

この写像 t が全単射になることを確かめてみましょう。

（全射性）

$$\mathrm{Im}(t) = \{y | y = 4x^3,\ x \in \mathbb{R}\}$$

が終集合 $\mathbb{R}$ と一致することを示します。集合が等しいことをいうので互いに含まれることを示せばよかったですね。

任意の $y \in \mathrm{Im}(t)$ に対して、y は実数であるので

$$\mathrm{Im}(t) = \{y | y = 4x^3,\ x \in \mathbb{R}\} \subset \mathbb{R} \tag{2.10.5}$$

また反対の $\{y | y = 4x^3,\ x \in \mathbb{R}\} \supset \mathbb{R}$ を示すためには、$\mathrm{Im}(t)$ は $y = 4x^3$ の形で表すことのできる y の集合なので任意の $\mathbb{R}$ の元 k に対して「始集合の元 x を…のようにとればその k は $k = 4x^3$ と表すことができます！」といえればいいので、任意の実数 k に対して、$x = \sqrt[3]{\dfrac{k}{4}}$ とすれば

$$\begin{aligned} 4x^3 &= 4 \times \left(\sqrt[3]{\dfrac{k}{4}}\right)^3 \\ &= 4 \times \dfrac{k}{4} \\ &= k \end{aligned}$$

よって全ての $\mathbb{R}$ の元 k は x をうまくとれば $k=4x^3$ という形になることが分かりました。ということで、

$$\mathrm{Im}(t) = \{y \mid y=4x^3,\ x\in\mathbb{R}\} \supset \mathbb{R} \qquad (2.10.6)$$

が示せたことになりました。よって t による像 $\mathrm{Im}(t)$ は終集合の $\mathbb{R}$ と一致することが分かります。つまり全射であることが確かめられました。

（単射性）

任意の $p,\ q\in\mathbb{R}(p\neq q)$ に対して

$$t(p)=4p^3$$
$$t(q)=4q^3$$

となる。$p\neq q$ より $p-q\neq 0$ だから

$$\begin{aligned}t(p)-t(q)&=4p^3-4p^3\\&=4(p^3-q^3)\\&=4(p-q)(p^2+pq+q^2)\end{aligned}$$

$p-q\neq 0$ であるし、$p^2+pq+q^2\neq 0$ でもある*ので $t(p)-t(q)\neq 0$。ここから $t(p)\neq t(q)$ が導かれ、よって t は単射であることが分かります。

□

" * " 部分… $p^2+pq+q^2\neq 0$ の証明

背理法で示す。$p^2+pq+q^2=0$ が成り立つとする。まず $q=0$ のとき $p=0$ となり $p\neq q$ に矛盾する。$q\neq 0$ のとき p に関する2次方程式と見て、その判別式 D とすると

$$D=q^2-4\cdot 1\cdot q^2=-3q^2<0$$

より実数解はない。つまり $p^2+pq+q^2=0$ を満たす実数 p は存在しないことになり矛盾してしまう。よってやはり $p^2+pq+q^2\neq 0$ が正しいことが示される。

□

 コーヒーブレイク

ものの数を数える操作は全単射をもとにして説明することができます。
ものの数を数える作業は、ものの集合から頭の中にある。

$$N_n=\{1,\ 2,\ 3,\ 4,\ \cdots,\ n\}$$

という自然数の集合を考えて、一対一の対応（全単射）がつけられるような集合 N_n を見つけています。そして見つかったとき、N_n の中で一番大きな自然数を「その"もの"の個数」として認識していると考えることができます。こんな形です。

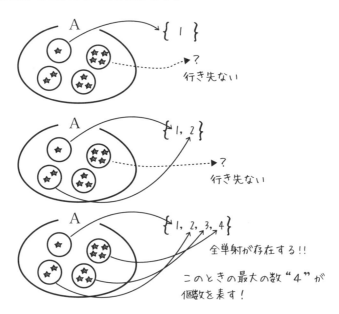

どうでしょう？　まず「数を数える」という操作自体を思考対象として考えたことがある方は少ないのではないでしょうか。よくよく考えてみると、そんな人として根源的な部分も集合や写像で記述することができているということですね。

11 写像の合成

次も写像を考えていきます。こんなものを考えてみましょう。

- 小学生の集合から職業の集合への写像 f を次のように定めます。
  f（小学生）＝なりたい職業
- 職業の集合から実数の集合への写像 g を次のように定めます。
  g（職業）＝ 平均年収

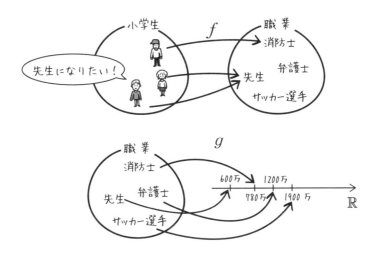

　この二つの写像 f, g を合体してみることを考えてみましょう。つまり小学生の集合から実数の集合への写像を二つの写像 f, g を合わせることによって作りましょう、ということです。絵で考えてみると分かりやすいです。

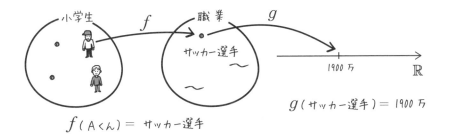

はじめの f については小学生の集合を定義域（始集合）として考えて、職業の集合を終集合と考えています。そして f が必ずしも全射とは限らないので f の値域（像）が職業の集合にすっぽり含まれてしまうこともあるでしょう（像は必ず終集合と一致するかすっぽり含まれるかどちらかです）。

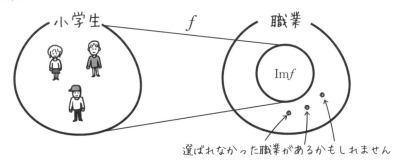

そして g は職業から実数に平均年収を対応させるのですが、f の像に定義域をしぼって考えれば下の図のように小学生の集合から実数の集合へと対応がつきますね。

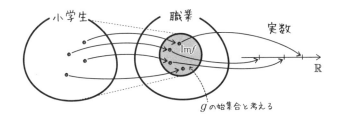

途中で g の定義域を f の像にしぼりましたが、これは小学生の集合から実数の集合へ対応をつけたいので f の像以外は考える意味がないからです。こうして出来上がった合体した写像を写像 f, g の**合成写像**といい、$g \circ f$ とかきます。合成写像はいつでも定義できるわけではないので注意しましょう。二つの写像が以下のように関係ないときは定義できません。

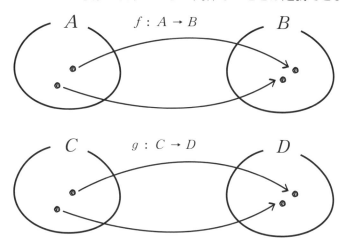

定義域をしぼった写像は、次のように定められます。

定義 2.11.1（写像の制限）

f を集合 X から集合 Y への写像とする。集合 X の部分集合 D に対して、写像 f_D を以下のように定義する。

$$f_D : D \to Y$$
$$\cup \qquad \cup$$
$$x \mapsto f(x)$$

このとき、f_D を写像 f の集合 D への**制限**もしくは**制限写像**という。

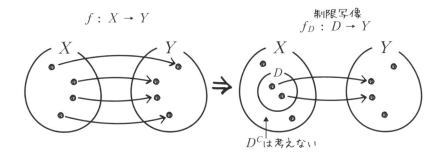

例

写像 g を実数の集合 $\mathbb{R}$ から実数の集合 $\mathbb{R}$ への写像とし、$g(x) = x^2$ と定義したときに、g の $[0, \infty)$ への制限は下のようになります。

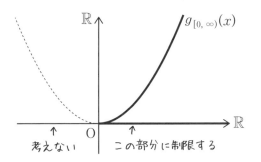

定義 2.11.2（合成写像）

f を集合 X から Y への写像、g を集合 Y から集合 Z への写像とする。$g \circ f$ を以下のように定義する。

$$g \circ f : X \to Z$$
$$\qquad\quad \cup\quad\ \ \cup$$
$$\qquad\quad x \mapsto g(f(x))$$

この $g \circ f$ を写像 f, g の**合成写像**という。合成写像 $g \circ f$ によって $x \in X$ を移した先の元を $g \circ f(x)$ とかく。

順番としては f で対応をつけてから g で対応をつけるというものですが、$g \circ f$ のようにかくので注意しましょう。

> 例

①先ほど数を数える作業を全単射の例として考えましたが、指折り数える方もいるでしょう。それも合成写像を用いて説明することができます。便宜的に 10 個以下を数えるときを考えましょう。

・ものの集合から両手の指への写像を r
・指の集合から数の集合 $\{1, 2, 3, \cdots, n\}$ への写像を s

とすると、数を数えるときはものの集合から数の集合 $\{1, 2, 3, \cdots, n\}$ への合成写像 $s \circ r$ が全単射になるような $\{1, 2, 3, \cdots, n\}$ の n を求めていると考えることもできます。

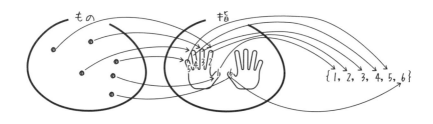

②ジェットコースターに乗っている状態を考えてみましょう。出発してから t 秒後の空間の座標を $(x(t), y(t), z(t))$ とします。

また、空間の座標 (x, y, z) のときのジェットコースターの瞬間の速さを $v(x, y, z)$ とすると次の図のようになります。

11 写像の合成

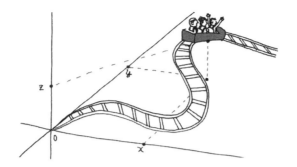

この時以下のように合成写像として考えることができます。

- 正の実数の集合 $\mathbb{R}$ から空間 $\mathbb{R}^3$ への写像を x, y, z とします。
  （これは出発してから t 秒後の座標は写像 x, y, z を用いて $(x(t), y(t), z(t))$ と表すことを示しています）
- また空間 $\mathbb{R}^3$ から実数の集合 $\mathbb{R}$ への写像を v とします。
  （これは座標 (x, y, z) のときのジェットコースターの瞬間の速さは $v(x, y, z)$ と表すことを示しています）

そうすると、下の図のように全ての $t \in \mathbb{R}$ に対して、写像を合成して $\mathbb{R}$ の数が決まる写像を考えることができます。ただし写像 "x, y, z" の3つで一つの写像と考えて F としておきます。すると時間に対して速さを対応させる写像は $v \circ F$ と表されます。つまり、ある時間 t のときの速さを合成写像によって導出できるということです。

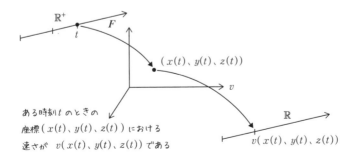

12 数学の構造的視点

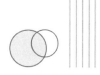

さてこれからは**集合の構造**について見ていきます。集合の一番シンプルな形はただの集合です。当たり前のことをいってますが実は大事なことをいっています。集合は「ものの集まり」のみを扱った対象で一番縛りがない状態であり、そこに様々な決まりを加えていき数学的な研究対象として発展していきます（誤解のないようにいっておくと縛りが少ない状態で数学を考えていくことも数学的対象としての発展を生みます）。その縛り（決まり）のことを一般的に「構造」と呼んでいます。集合の構造に関しては具体例を挙げるならば

- 「集合 A の任意の元同士の**足し算**や**かけ算**ができるという決まりが定まっている」
- 「集合 A の任意の2つの元は距離を測ることができるという決まりが定まっている」
- 「集合 A のある部分集合は面積を測ることができるという決まりが定まっている」

となります。どれも**集合とその中に定まる決まり**を挙げていることにお気付きでしょうか。それぞれ「**代数構造、距離（位相）構造、測度構造**が入っている」などといいます。このように、集合を「構造を意識して」勉強してみましょう。

順序構造

一般的な集合の2元にどちらが「大きい」とかどちらが「すごい」とかそういった基準を設けることで順位付けすることができます。そういった順位付けがなされた構造のことを数学では**順序構造**といいます。ここでは集合の2元の関係について見ていきたいと思います。

順序集合

集合とその中の決まりについて下の例を見てみましょう。

1. 「あるイベントに集まった人たちの集合において、任意の2人に対して年齢が同じかもしくはどちらかが上と判断できる」
2. 「トランプのスペードだけの集合13枚において、任意の2枚に対してどちらが数が大きいか判断できる」
3. 「リンゴ、鉛筆、ギター、ボーリング、日本、アメリカ、イギリスの集合の中のいくつかのペアに対してどちらのGDPが高いか判断できる」

1. 2. 3. はどちらも集合を考えた上でその中の「順番」という概念に注目しています。このような順番を考えられる集合のことを**順序集合**といいます。また1. 2. 3. の差異はどこにあるかというと「全ての元で判断できるか」と「同じになることがあるか」という点です。そこに着目して、

「1. のように順番が同じになることも許せば全ての元に順序が決まっているとき」その集合のことを**全順序集合**といい、

「2. のようにどんな2つの元をとっても必ずどちらかの順序が上か決まっ

ているとき」はその集合のことを特に**狭義全順序集合**といい、

「3. のように全てではないけれどもいくつかの元についてはどちらの順序が上か決まっているとき」はその集合のことを**半順序集合**といいます。

ここまで使ってきた「順序」という言葉ですが何をもってして順序というのでしょう？ 数学ではこの「順序」という概念の本質を捉えなければいけません。このように普段使っている「順序」という概念も数学の言葉でかいていく必要があるのです。それも含め定義を見てみましょう。

定義 2.12.1（順序）
集合 A 上の2項関係 "$\leq$" が以下を満たすとき2項関係 "$\leq$" は（**広義**）**順序**または**順序関係**という。

(i) $^\forall a \in A, a \leq a$ （反射律）
（全ての A の元 a に対して a と a は関係がある）

(ii) $^\forall a, b \in A, (a \leq b \land b \leq a) \Rightarrow a = b$ （反対称律）
（全ての A の元 a, b に対して a と b に関係があり、b と a に関係があるならば a と b は同じ元である）

(iii) $^\forall a, b, c \in A, (a \leq b \land b \leq c) \Rightarrow a \leq c$ （推移律）
（全ての A の元 a, b, c に対して a と b に関係があり、b と c に関係があるならば a と c に関係がある）

また、順序 "$\leq$" が決まった集合のことを**順序集合**という。

> **定義 2.12.2（全順序，半順序）**
> 集合 A が順序集合とする。このとき次の性質
>
> (iv) $\forall a, b \in A, (a \leq b \lor b \leq a)$ （線型律）
> （全ての A の元 a, b に対して a と b に順序関係があるか b と a に順序関係がある）
>
> を満たすならば順序集合 A を**全順序集合**といい、満たさないならば順序集合 A を特に**半順序集合**という。

　順序という言葉は 3 つの性質 (i)〜(iii) で特徴づけられるということを述べています。

　　(i) 自分と自分に関係がある。
　　(ii) 反対にしても関係があるなら同じ元と判断することができる。
　　(iii) 自分 a と関係がある元 b が他の元 c とも関係があるなら自分
　　　　a と c も関係がある。

というような条件を満たすのが我々の使う「順序」というものであるということです。数学をやらないとこのようなことは考えなかったかもしれませんね。また順序の定義中に "$\leq$" という記号が出てきていますが、これは**「どちらかが数として大きい」という意味ではない**ことに注意しましょう。単純に集合上の 2 項関係をたまたま "$\leq$" とかいているだけです。(ii) と (iii) はそれぞれ「関係があるならば」という条件なので、もし、とってきた 2 元に関係がない場合は "$\Rightarrow$" の後が成り立たなくてもいいことにも注意しておきましょう。(iv) は全ての元についてどちらが大きいか判断できるという条件になっています。「順序」はある視点で、どちらがすごいか？ 偉いか？ を判断することといえます。

> **定義 2.12.3（狭義順序）**
> 順序集合 A の元 a, b に対して、
> $$a \leq b \wedge a \neq b$$
> を満たすとき $a < b$ とかき、"$<$" を **狭義順序** という。

例

集合 $\{a, b, c\}$ の冪集合 $2^{\{a, b, c\}}$ は包含関係 "$\subset$" を考えれば半順序集合となる。

包含関係が順序？ と思いますよね。言い換えると

集合があったら含む方が偉い

となるでしょうか。この "$\subset$" が順序の定義を満たすかどうかチェックしてみます。まず冪集合 $2^{\{a, b, c\}}$ の元は集合であることに注意して進めていきましょう。

(i)（**反射律**）

任意の $X \in 2^{\{a, b, c\}}$ に対して、集合は自分自身も部分集合になりましたから（144 ページ）$X \subset X$ ですので(i)が確認できました。

(ii)（**反対称律**）

$X \subset Y$ かつ $Y \subset X$ が成り立つ任意の 2 元 $X, Y \in 2^{\{a, b, c\}}$ に対して、$X \subset Y$ かつ $Y \subset X$ は $X = Y$ の定義そのものですから(ii)が確かめられます。

(iii)（**推移律**）

$X \subset Y$ かつ $Y \subset Z$ が成り立つ任意の 3 元 $X, Y, Z \in 2^{\{a, b, c\}}$ に対して、

$X \subset Y \subset Z$ が成り立つので $X \subset Z$ となることが確認できれば(iii)が終わりです。全ての $x \in X$ に対して $X \subset Y$ より $x \in Y$ であり、$Y \subset Z$ より全ての Y の元は Z の元になるので $x \in Z$ が示され $X \subset Y$ となります。

よって " $\subset$ " は順序関係になっています。以上より冪集合 $2^{\{a,b,c\}}$ は集合の包含関係 " $\subset$ " を考えることで順序集合になることが分かったというわけです。最後に半順序集合になることを確かめます。

「(iv)全ての冪集合 $2^{\{a,b,c\}}$ の 2 元に対してどちらかがどちらかに含まれる」ということが成り立たないことを確かめればよいですね。

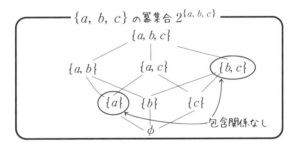

上の図より 2 つの元 $\{a\}$, $\{b, c\}$ をとるとどちらにも包含関係は成り立ちませんね。よって全順序ではなく、半順序であることが分かりました。

● 代数構造

ここでは一言でいうと「集合に計算ルールが決まっている構造」を勉強していきます。計算というと "100×1.08" とか "$1+1+1$" などがイメージされると思います。それは勿論それで正解です。しかしそれは「数の集合上での計算」であり、ここではもっと一般的な「何らかの集合上での計算」を考えていきます。計算というと数をイメージしてしまうので**演算**や **2 項演算**という言葉にして計算みたいなものを考えていきます。

2 項演算

色の集合を考えてみましょう。任意の二つの色を混ぜ合わせることによってまた新しい色を作り出すことができます。この「2 つの色に 1 つの色を対応させる規則」を数学の言葉では「色の集合上の **2 項演算**」といいます。

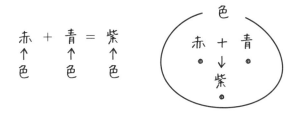

これは色の集合を飛び出してしまうことはないですね。これを**演算が閉じている**といいます。このように集合上の 2 つの元から新しい元を作り出すことができる決まりを**代数構造**といいます。実数の集合 $\mathbb{R}$ 上の足し算やかけ算も代数構造の一つです。代数構造とは先にも挙げましたが集合の中で計算ができるということですね。よってここでは「計算とは何か」を考えていくことになります。

> **定義 2.12.4（2 項演算）**
> 集合 G とその直積集合 $G \times G$ から G へ写像 T が存在するとき、つまり
> $$T : G \times G \to G$$
> となるとき T を集合 G 上の **2 項演算**もしくは**演算**という。2 項演算が決まっていることを**（2 項）演算が入っている**という。

集合 G に上のような演算が入っているとします。今までの写像では G

の元 x, y に対して移した先を $T(x, y)$ とかいていましたが、"$*$" などを使って $x * y$ とかいたりします（"$*$" だけでなく、"$\cdot$" や "$\circ$" などもよく使われ、そのうちの一つが "$\times$" です）。

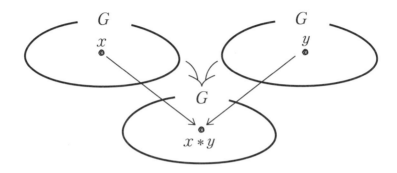

例

① 集合 $\{1, 2, 3\}$ で自然数の足し算を考えると演算にはならない。

変なことをいっているようですがゆっくり確かめていきましょう。集合上 $\{1, 2, 3\}$ で**我々が使っている普通の足し算**を考えてみます。

$\{1, 2, 3\}$ から 2 つの元の取り出し方は同じものが取り出されてもよいので $3 \times 3 = 9$（通り）の取り出し方があります。

例えば 1 と 2 が取り出されたとします。このときは

$$1 + 2 = 3$$

なのでちゃんと $3 \in \{1, 2, 3\}$ となっていますが、

2 と 3 が取り出されたときは

$$2 + 3 = 5$$

のはずですが、5 は $\{1, 2, 3\}$ の元ではないですね。

演算は全ての 2 つの元に対して定められていないといけません。

このことより $\{1, 2, 3\}$ の中で**我々が使っている普通の足し算**は2項演算になりません。

$$\{1, 2, 3\}$$

和は 5

5は $\{1, 2, 3\}$ に入っていない

②集合 $\{0, 1\}$ に「我々が使っている普通の足し算」を決めても前の例のように2項演算にならないが、ある決め方をすると2項演算になる。

前のように普通の足し算を決めると例えば $1+1=2$ となりますが、2は $\{0, 1\}$ に入っていないのでこれでは2項演算になりません。

そこで以下のように2項演算 "$+_0$" を決めてみます。

$$0 +_0 0 = 0$$
$$0 +_0 1 = 1$$
$$1 +_0 0 = 1$$
$$1 +_0 1 = 0$$

こうすれば先ほどのようにはみ出ることなくちゃんと2項演算になります。どこかずるい気もしますが、例えば集合 G 上の2項演算自体は単純に $G \times G$ から G への写像でとても緩い概念なのでこれでも2項演算になるのです。ということは、これよりも条件を付けた厳しい概念もあるわけです。これからは色々な性質を見ていこうと思います。

群論への歩み

例えば先ほどの「色の集合における色を混ぜるという2項演算」について考えると下のような性質がありそうです。

1. 3色混ぜるとき、どの色を先に混ぜてもできる色は変わらない。
2. 混ぜても変わらない色（透明）がある。
3. 赤と白を混ぜても白と赤を混ぜてもできる色は変わらない（順番は結果に関係ない）。

という性質が見えてくるかと思います。

このような演算の持つ性質によって代数構造を特徴づけていくのがここからのお話です。以下の(1)～(4)の性質を見てみましょう。

集合 G 上の演算 "$*$" とします。

演算における重要な性質

(1) $\forall x, \forall y, \forall z \in G, x*(y*z)=(x*y)*z$ （結合法則）
(全ての G の元 x, y, z に対して $x*(y*z)=(x*y)*z$ が成立する)

(2) $\exists e \in G \ s.t. \forall x \in G, (x*e=x \wedge e*x=x)$ （単位元の存在）
(ある G の元 e で「G の全ての元 x と左右から演算しても x に戻る単位元と呼ばれるもの」が存在する)

(3) $\forall x \in G, \exists y \in G \ s.t.(x*y=e \wedge y*x=e)$ （逆元の存在）
(全ての G の元 x に対して G の元 y で「左右から演算して単位元になるようなもの」が存在する)

(4) $\forall x, \forall y \in G, x*y=y*x$ （交換法則）
(全ての G の元 x, y に対して左右どちらから演算しても変わらない)

一つ一つ解説していきます。

(1)は上の色の集合の例であれば 1. にあたる性質です。結合法則とも呼

ばれ、"( )" の部分を先に演算して、演算の順番が変わっても結果は変わらない性質を表しています。

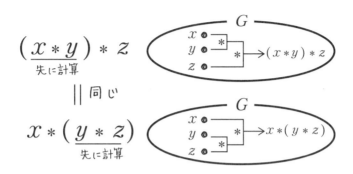

(2)は単位元と呼ばれる元があってどれに演算してももとに戻るようなものがあることをいっています。下の図を見てください。

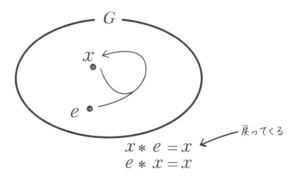

(3)は**全ての元ごとに**(2)で紹介した単位元になるような相手が存在するという性質を述べています。すべてに対して共通の元があるわけではないので注意しましょう。言い換えると全ての元ごとにそのパートナーがいるイメージですね。この性質は(2)の単位元が存在しないときは当然成り立ちません。

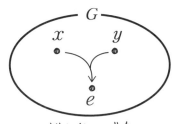

どんな x でも
単位元になる相手 y がある

(4)はびっくりする人もいると思います。(2)、(3)でもあったように演算を左から、右からと分けてかいてあったと思います。一般には順番が変わると必ずしも同じ元にいかないことを想定しています。そのもとで、順番を入れ替えても結果が変わらない性質を表しています。

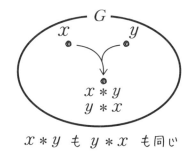

$x * y$ も $y * x$ も同じ

例

①整数の集合 $\mathbb{Z}$ では足し算 "＋" という演算について性質を考えてみると、

1. 3つの足し算はどこから計算しても大丈夫。
2. 足しても変わらない元がある（→0 のこと！）。
3. どんな元にも足し算して0になる元がある。
4. 足し算はひっくり返しても問題ない。

よって 211 ページの 4 つの性質を全て満たすことが分かります。

②実数の集合 $\mathbb{R}$ において以下の操作を考えると 2 項演算になっています。

> $x, y \in \mathbb{R}$ において
> $x \heartsuit y = 2x + y$ （ここでの "+" は実数での普通の足し算）

この演算に関して 211 ページの(1)〜(4)を確かめてみます。

(1) 成り立たない

例えば $x=1, y=3, z=5$ としてみて $x \heartsuit (y \heartsuit z)$ と $(x \heartsuit y) \heartsuit z$ をそれぞれ計算してみると

$$\begin{aligned}
x \heartsuit (y \heartsuit z) &= 1 \heartsuit (3 \heartsuit 5) \\
&= 1 \heartsuit (2 \times 3 + 5) \\
&= 1 \heartsuit 11 \\
&= 2 \times 1 + 11 \\
&= 13 \\
(x \heartsuit y) \heartsuit z &= (1 \heartsuit 3) \heartsuit 5 \\
&= (2 \times 1 + 3) \heartsuit 5 \\
&= 5 \heartsuit 5 \\
&= 2 \times 5 + 5 \\
&= 15
\end{aligned}$$

となりますから常に(1)が成り立つとはいえません。

(2) 単位元は存在しない

単位元はどんな元にも共通のものでなければいけません。

背理法で示したいと思います。単位元が存在すると仮定し e とかくことにすると、全ての $x \in \mathbb{R}$ に対して $x \heartsuit e = x \land e \heartsuit x = x$ を満たさないといけませんが、

$$x \heartsuit e = 2x + e = x$$

という方程式を解くと

$$e = -x$$

が導かれます。そもそも単位元 e は x のとり方によらない共通の元でしたから $e = -x$ となるということは単位元が x に依存して変わりうるということを意味します。これは矛盾ですから「単位元が存在する」という仮定が間違っていることになります。つまり単位元は存在しません。

(3) 逆元なし

単位元がないので逆元も当然ありません。

(4) 交換法則は成り立たない

$x = 1, \ y = 4$ として $x \heartsuit y$ と $y \heartsuit x$ を計算してみると

$$\begin{aligned} x \heartsuit y &= 1 \heartsuit 4 \\ &= 2 \times 1 + 4 \\ &= 6 \\ y \heartsuit x &= 4 \heartsuit 1 \\ &= 2 \times 4 + 1 \\ &= 9 \end{aligned}$$

ということで " $\heartsuit$ " は 211 ページの(1)〜(4)の性質を一つも満たさないただの 2 項演算ということが分かりました。

□

このように(1)～(4)のうちどの性質を満たすか調べて「何番と何番の性質を満たす集合」と特徴づけて集合を捉えることをします。以下のように名前が付いているので確認してみましょう。

定義 2.12.5（半群，モノイド，群，加法群）
集合 A 上に演算 "$*$" が定まっているとする。このときその演算が 211 ページの演算における重要な性質のうち
　①(1)を満たすとき集合 A と演算 "$*$" の組を合わせて**半群**という。
　②(1), (2)を満たすとき集合 A と演算 "$*$" の組を合わせて**モノイド**という。
　③(1), (2), (3)を満たすとき集合 A と演算 "$*$" の組を合わせて**群**という。
　④(1), (2), (3), (4)を満たすとき集合 A と演算 "$*$" の組を合わせて**加法群**（**もしくはアーベル群**）という。

それぞれ、条件を満たす演算と集合のセットで半群や群などと呼ぶ（つまりそこにある構造に注目している）ということですね！

例

　①自然数の集合 $\mathbb{N}$ は普通の足し算 "$+$" を考えることで半群になっている。

211 ページの(1)を満たすことを確認しましょう。普通の足し算を考えると全ての $\ell, m, n \in \mathbb{N}$ に対して
$$\ell+(m+n)=(\ell+m)+n$$
となります。よって結合法則は成り立ちます。211 ページの条件(1)を満た

すことが分かったので自然数の集合 $\mathbb{N}$ で普通の足し算 "＋" を考えたものは半群になります。

※確かめる必要はないですが、足し算の単位元（0のこと）は $\mathbb{N}$ に入っていないので単位元は存在しませんし、負の数もないので逆元もありませんね。

②　2×2 の実正方行列の集合を $M_{(2,2)}(\mathbb{R})$ とおくと $M_{(2,2)}(\mathbb{R})$ は普通の行列の演算ではモノイドになる。

確認していきましょう。まず普通の行列の演算とはどういうものかというと、

$$X = \begin{pmatrix} a & b \\ c & d \end{pmatrix}, \ Y = \begin{pmatrix} w & x \\ y & z \end{pmatrix}$$

とするとき、XY が次のように計算されるルールのことです。

$$\begin{aligned} XY &= \begin{pmatrix} a & b \\ c & d \end{pmatrix} \begin{pmatrix} w & x \\ y & z \end{pmatrix} \\ &= \begin{pmatrix} a \times w + b \times y & a \times x + b \times z \\ c \times w + d \times y & c \times x + d \times z \end{pmatrix} \end{aligned}$$

このときモノイドになることを確認したいので、211ページの性質(1)，(2)を満たすことを確認します（他を満たさないことは確認する必要はないですが載せておきます）。

(1)を満たすことの確認

任意の 2×2 の実正方行列 A, B, C を $M_{(2,2)}(\mathbb{R})$ からとって、$A(BC)$ と $(AB)C$ を地道に計算して、常に一致することを示せばよいですね。

まず行列 A, B, C を次のようにおきます。

$$A = \begin{pmatrix} a_{11} & a_{12} \\ a_{21} & a_{22} \end{pmatrix}, B = \begin{pmatrix} b_{11} & b_{12} \\ b_{21} & b_{22} \end{pmatrix}, C = \begin{pmatrix} c_{11} & c_{12} \\ c_{21} & c_{22} \end{pmatrix}$$

そしてこのとき

$$A(BC) = \begin{pmatrix} a_{11} & a_{12} \\ a_{21} & a_{22} \end{pmatrix} \left\{ \begin{pmatrix} b_{11} & b_{12} \\ b_{21} & b_{22} \end{pmatrix} \begin{pmatrix} c_{11} & c_{12} \\ c_{21} & c_{22} \end{pmatrix} \right\}$$

$$= \begin{pmatrix} a_{11} & a_{12} \\ a_{21} & a_{22} \end{pmatrix} \begin{pmatrix} b_{11}c_{11}+b_{12}c_{21} & b_{11}c_{12}+b_{12}c_{22} \\ b_{21}c_{11}+b_{22}c_{21} & b_{21}c_{12}+b_{22}c_{22} \end{pmatrix}$$

$$= \begin{pmatrix} a_{11}(b_{11}c_{11}+b_{12}c_{21})+a_{12}(b_{21}c_{11}+b_{22}c_{21}) \\ a_{21}(b_{11}c_{11}+b_{12}c_{21})+a_{22}(b_{21}c_{11}+b_{22}c_{21}) \end{pmatrix.$$
$$\left. \begin{matrix} a_{11}(b_{11}c_{12}+b_{12}c_{22})+a_{12}(b_{21}c_{12}+b_{22}c_{22}) \\ a_{21}(b_{11}c_{12}+b_{12}c_{22})+a_{22}(b_{21}c_{12}+b_{22}c_{22}) \end{matrix} \right)$$

$$= \begin{pmatrix} a_{11}b_{11}c_{11}+a_{11}b_{12}c_{21}+a_{12}b_{21}c_{11}+a_{12}b_{22}c_{21} \\ a_{21}b_{11}c_{11}+a_{21}b_{12}c_{21}+a_{22}b_{21}c_{11}+a_{22}b_{22}c_{21} \end{pmatrix.$$
$$\left. \begin{matrix} a_{11}b_{11}c_{12}+a_{11}b_{12}c_{22}+a_{12}b_{21}c_{12}+a_{12}b_{22}c_{22} \\ a_{21}b_{11}c_{12}+a_{21}b_{12}c_{22}+a_{22}b_{21}c_{12}+a_{22}b_{22}c_{22} \end{matrix} \right)$$

$$(AB)C = \left\{ \begin{pmatrix} a_{11} & a_{12} \\ a_{21} & a_{22} \end{pmatrix} \begin{pmatrix} b_{11} & b_{12} \\ b_{21} & b_{22} \end{pmatrix} \right\} \begin{pmatrix} c_{11} & c_{12} \\ c_{21} & c_{22} \end{pmatrix}$$

$$= \begin{pmatrix} a_{11}b_{11}+a_{12}b_{21} & a_{11}b_{12}+a_{12}b_{22} \\ a_{21}b_{11}+a_{22}b_{21} & a_{21}b_{12}+a_{22}b_{22} \end{pmatrix} \begin{pmatrix} c_{11} & c_{12} \\ c_{21} & c_{22} \end{pmatrix}$$

$$= \begin{pmatrix} c_{11}(a_{11}b_{11}+a_{12}b_{21})+c_{21}(a_{11}b_{12}+a_{12}b_{22}) \\ c_{11}(a_{21}b_{11}+a_{22}b_{21})+c_{21}(a_{21}b_{12}+a_{22}b_{22}) \end{pmatrix.$$
$$\left. \begin{matrix} c_{12}(a_{11}b_{11}+a_{12}b_{21})+c_{22}(a_{11}b_{12}+a_{12}b_{22}) \\ c_{12}(a_{21}b_{11}+a_{22}b_{21})+c_{22}(a_{21}b_{12}+a_{22}b_{22}) \end{matrix} \right)$$

$$= \begin{pmatrix} a_{11}b_{11}c_{11}+a_{12}b_{21}c_{11}+a_{11}b_{12}c_{21}+a_{12}b_{22}c_{21} \\ a_{21}b_{11}c_{11}+a_{22}b_{21}c_{11}+a_{21}b_{12}c_{21}+a_{22}b_{22}c_{21} \end{pmatrix.$$
$$\left. \begin{matrix} a_{11}b_{11}c_{12}+a_{12}b_{21}c_{12}+a_{11}b_{12}c_{22}+a_{12}b_{22}c_{22} \\ a_{21}b_{11}c_{12}+a_{22}b_{21}c_{12}+a_{21}b_{12}c_{22}+a_{22}b_{22}c_{22} \end{matrix} \right)$$

$$= \begin{pmatrix} a_{11}b_{11}c_{11}+a_{11}b_{12}c_{21}+a_{12}b_{21}c_{11}+a_{12}b_{22}c_{21} \\ a_{21}b_{11}c_{11}+a_{21}b_{12}c_{21}+a_{22}b_{21}c_{11}+a_{22}b_{22}c_{21} \end{pmatrix.$$
$$\left. \begin{matrix} a_{11}b_{11}c_{12}+a_{11}b_{12}c_{22}+a_{12}b_{21}c_{12}+a_{12}b_{22}c_{22} \\ a_{21}b_{11}c_{12}+a_{21}b_{12}c_{22}+a_{22}b_{21}c_{12}+a_{22}b_{22}c_{22} \end{matrix} \right)$$

以上より $A(BC)=(AB)C$　よって(1)を満たすことが確かめられました。

(2)を満たすことの確認

$$E=\begin{pmatrix} 1 & 0 \\ 0 & 1 \end{pmatrix}$$

という行列は当然 $M_{(2,2)}(\mathbb{R})$ の元で、任意の 2×2 の実正方行列 $X\in M_{(2,2)}(\mathbb{R})$ を

$$X=\begin{pmatrix} w & x \\ y & z \end{pmatrix}$$

とすると

$$\begin{aligned} XE &= \begin{pmatrix} w & x \\ y & z \end{pmatrix}\begin{pmatrix} 1 & 0 \\ 0 & 1 \end{pmatrix} \\ &= \begin{pmatrix} w\times 1+x\times 0 & w\times 0+x\times 1 \\ y\times 1+z\times 0 & y\times 0+z\times 1 \end{pmatrix} \\ &= \begin{pmatrix} w & x \\ y & z \end{pmatrix} \\ &= X \end{aligned}$$

かつ

$$\begin{aligned} EX &= \begin{pmatrix} 1 & 0 \\ 0 & 1 \end{pmatrix}\begin{pmatrix} w & x \\ y & z \end{pmatrix} \\ &= \begin{pmatrix} 1\times w+0\times y & 1\times x+0\times z \\ 0\times w+1\times y & 0\times x+1\times z \end{pmatrix} \\ &= \begin{pmatrix} w & x \\ y & z \end{pmatrix} \\ &= X \end{aligned}$$

となるので行列 E は単位元ですね。

(3)を満たさないことの確認

任意の 2×2 の実正方行列 $X\in M_{(2,2)}(\mathbb{R})$ に対して、演算したら上で挙げた行列 E になるようなものが存在しなければいけませんが、「常に」は存在しないことを示したいと思います。

$$A = \begin{pmatrix} 1 & 2 \\ 2 & 4 \end{pmatrix}$$

に対して逆行列

$$A^{-1} = \begin{pmatrix} a & b \\ c & d \end{pmatrix}$$

が存在したとして、

$$AA^{-1} = \begin{pmatrix} 1 & 2 \\ 2 & 4 \end{pmatrix}\begin{pmatrix} a & b \\ c & d \end{pmatrix}$$
$$= \begin{pmatrix} a+2c & b+2d \\ 2a+4c & 2b+4d \end{pmatrix}$$
$$= \begin{pmatrix} 1 & 0 \\ 0 & 1 \end{pmatrix}$$

となるはずです。各成分が等しくなるはずなので比較してみると $a+2c=1$ と $2a+4c=0$ を得ますが、$a+2c=1$ の両辺を 2 倍すると $2a+4c=2$ となるので $2a+4c=0$ と矛盾します。よって

$$A = \begin{pmatrix} 1 & 2 \\ 2 & 4 \end{pmatrix}$$

には逆行列がないことが分かります。

(4)を満たさないことの確認

　「任意の 2 つの行列で演算の左右を交換しても結果が変わらないこと」を満たさないということは、成り立たない例を一つでも挙げればよいので挙げてみます。

$$A = \begin{pmatrix} 1 & 3 \\ 3 & 2 \end{pmatrix}, B = \begin{pmatrix} 4 & 1 \\ 5 & 0 \end{pmatrix}$$

として、AB と BA をそれぞれ計算してみます。

$$AB = \begin{pmatrix} 1 & 3 \\ 3 & 2 \end{pmatrix} \begin{pmatrix} 4 & 1 \\ 5 & 0 \end{pmatrix}$$
$$= \begin{pmatrix} 1\times 4 + 3\times 5 & 1\times 1 + 3\times 0 \\ 3\times 4 + 2\times 5 & 3\times 1 + 2\times 0 \end{pmatrix}$$
$$= \begin{pmatrix} 19 & 1 \\ 22 & 3 \end{pmatrix}$$

$$BA = \begin{pmatrix} 4 & 1 \\ 5 & 0 \end{pmatrix} \begin{pmatrix} 1 & 3 \\ 3 & 2 \end{pmatrix}$$
$$= \begin{pmatrix} 4\times 1 + 1\times 3 & 4\times 3 + 1\times 2 \\ 5\times 1 + 0\times 3 & 5\times 3 + 0\times 2 \end{pmatrix}$$
$$= \begin{pmatrix} 7 & 14 \\ 5 & 15 \end{pmatrix}$$

となり AB と BA が一致しない例を出せましたので、「常に」は交換法則は成り立たないことを示すことができました。

□

　以上より 2×2 の正方行列の集合 $M_{(2,2)}(\mathbb{R})$ は 211 ページの性質(1)(2)を満たす演算が入った集合であること、つまりモノイドであることが確認できました。

③ 2×2 の正方行列で"逆行列を持つようなものの集合 $GL_2(\mathbb{R})$ を考えると群になる。

例②で、$M_{(2,2)}(\mathbb{R})$ は 211 ページの性質(1)(2)を満たすことは分かりました。さらに「条件(3)が成り立つような集合」に、限定しているので(1)〜(3)を満たすので GL は $(\mathbb{R})$ 群になります。この群を、実数成分の行列なので"実"という言葉がついて **実一般線型群 (General Linear Group)** と呼んだりします。

● 距離構造

集合の元同士の離れ具合が決まっていることを「**距離構造**が決まっている」といったりします。距離はその名の通り「遠さ」の概念を表しています。これが決まることで集合の元がどのように散らばっているかイメージすることができます。

距離空間

さて、下の地図を見てみてください。地点 A から地点 B まで道路を使って最短経路で行くとき横に何区画、縦に何区画必要かを考えてその値を足したものを 2 点の「遠さ」としてみましょう。

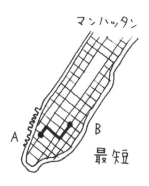

当然ですがこれは「どれくらい離れているか」を表していますね。これを集合の元同士の**距離**といいます。集合論に当てはめると「交差点」を元としてその集合を考えて、その点同士の「遠さ」を測ることができる決まりが定まっているということです。

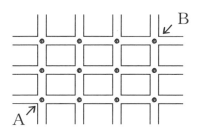

さて、ではまた順序のときと同様に、「数学的な距離とは何か？」から紹介していきたいと思います。集合上で決められた関数について条件を考えます。

定義 2.12.6（距離空間）
集合 S の直積集合 $S \times S$ に対して次のような写像を考える。

$$D: S \times S \to \mathbb{R}$$
$$\cup\hspace{2em}\cup$$
$$(x, y) \mapsto r$$

このとき写像 D が次の 4 つを満たすとする。
(i) $\forall x, \forall y \in S, D(x, y) \geq 0$
　　（全ての S の元 x, y に対して $D(x, y)$ は 0 以上である）

(ii) $\forall x, \forall y \in S, D(x, y) = 0 \Leftrightarrow x = y$
　　（全ての S の元 x, y に対して $D(x, y)$ が 0 であるならば x

と y が等しいかつその逆も成立する）

(iii) $\forall x, \forall y \in S, D(x, y) = D(y, x)$ （対称律）
（全ての S の元 x, y に対して $D(x, y)$ と $D(y, x)$ は同じである）

(iv) $\forall x, \forall y, \forall z \in S, D(x, y) + D(y, z) \geq D(x, z)$ （三角不等式）
（全ての S の元 x, y, z に対して $D(x, y) + D(y, z)$ は $D(x, z)$ 以上である）

このとき $D(x, y)$ を元 x, y の**距離**、写像 D を**距離関数**といい、距離関数の決まった集合 S を**距離空間**という。

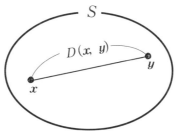

x と y の組に実数が対応している

距離はこの4つで特徴づけられます。近いときに値が小さければいいというだけではないということですね。一緒に確認していきましょう。

(i)は「距離」はマイナスになることはないことを述べています。

(ii)は例えば、東京ドームから東京ドームの距離は 0 であることをいっています（(i)と(ii)は一つにまとまっていることが多いです）。

(iii)は「家から駅までの距離」といっても「駅から家までの距離」といっても一緒ですよね！ といっています。

(iv)は $D(x, y) + D(y, z) \geq D(x, z)$ は x から z に y を経由して行くよりは x から z に直接行った方が近いということをいっています。この方程式は三角形の辺の長さの関係になぞらえて**三角不等式**という名前が付いています。

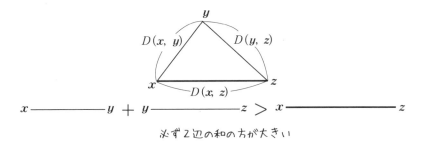

例

① $\mathbb{R}^2$ はある「遠さ」の決め方で距離空間になる。

$\mathbb{R}^2$ において「遠さ」を次のように決めてみます。任意の $x, y \in \mathbb{R}^2$ に対して、$x = (a, b)$, $y = (c, d)$ とするとき

$$D_E(x, y) = \sqrt{(a-c)^2 + (b-d)^2}$$

もうピンと来ている方もいるかもしれませんがこれはピタゴラスの定理で表される斜辺の長さですね。x, y は $\mathbb{R}^2$ の元なので実数ではないことに注意してください。

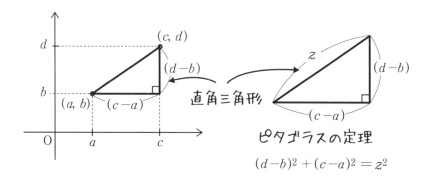

これが距離になっていることを確かめましょう。

223 ページ定義 2.12.6 の(i)の確認

$D_E(\boldsymbol{x}, \boldsymbol{y})$ は $\sqrt{(a-c)^2+(b-d)^2}$ であり、0 以上の平方根であるから全ての $\boldsymbol{x}, \boldsymbol{y} \in \mathbb{R}^2$ で $D_E(\boldsymbol{x}, \boldsymbol{y}) \geq 0$ である。

(ii)の確認

223 ページ定義 2.12.6 の

($\Rightarrow$)

全ての $\boldsymbol{x}, \boldsymbol{y} \in \mathbb{R}^2$ に対して $\boldsymbol{x}=(u, v), \boldsymbol{y}=(p, q)$ とおき、$D_E(\boldsymbol{x}, \boldsymbol{y})=0$ が成り立つと仮定すると、

$$\sqrt{(u-p)^2+(v-q)^2}=0$$
$$(u-p)^2+(v-q)^2=0$$

2 乗のものを足して 0 になるときは両方とも 0 しかありえないので

$$u-p=0 \wedge v-q=0$$
$$u=p \wedge v=q$$

よって「全ての $\boldsymbol{x}, \boldsymbol{y} \in \mathbb{R}^2$ に対して、$D_E(\boldsymbol{x}, \boldsymbol{y})=0 \Rightarrow \boldsymbol{x}=\boldsymbol{y}$」が真

であることが示された。

(⇐)

逆にすべての $\boldsymbol{x}, \boldsymbol{y} \in \mathbb{R}^2$ に対して $\boldsymbol{x}=(u, v)$, $\boldsymbol{y}=(p, q)$ とおき、$\boldsymbol{x}=\boldsymbol{y}$ ならば $u=p \land v=q$ である。$D_E(\boldsymbol{x}, \boldsymbol{y})$ を計算すると、

$$D_E(\boldsymbol{x}, \boldsymbol{y}) = \sqrt{(u-p)^2+(v-q)^2}$$

$u-p=0, v-q=0$ になるので

$$= \sqrt{0^2+0^2}$$
$$= 0$$

よって「全ての $\boldsymbol{x}, \boldsymbol{y} \in \mathbb{R}^2$ に対して、$\boldsymbol{x}=\boldsymbol{y} \Rightarrow D_E(\boldsymbol{x}, \boldsymbol{y})=0$」が真であることも示された。よって(ii)が確認されました。

(iii)の確認

全ての $\boldsymbol{x}, \boldsymbol{y} \in \mathbb{R}^2$ に対して $\boldsymbol{x}=(u, v)$, $\boldsymbol{y}=(p, q)$ とおき、$D_E(\boldsymbol{x}, \boldsymbol{y})$ を計算すると

$$D_E(\boldsymbol{x}, \boldsymbol{y}) = \sqrt{(u-p)^2+(v-q)^2}$$

実数では $(u-p)^2=(p-u)^2$, $(v-q)^2=(q-v)^2$ であるから

$$= \sqrt{(p-u)^2+(q-v)^2}$$
$$= D_E(\boldsymbol{y}, \boldsymbol{x})$$

よって $D_E(\boldsymbol{x}, \boldsymbol{y}) = D_E(\boldsymbol{y}, \boldsymbol{x})$ が成立する。

(iv)の確認

全ての $\boldsymbol{j}, \boldsymbol{k}, \boldsymbol{\ell} \in \mathbb{R}^2$ に対して $\boldsymbol{j}=(a, b), \boldsymbol{k}=(c, d), \boldsymbol{\ell}=(e, f)$ とおいて

$$D_E(\boldsymbol{j}, \boldsymbol{k})+D_E(\boldsymbol{k}, \boldsymbol{\ell}) \geq D_E(\boldsymbol{j}, \boldsymbol{\ell}) \tag{2.12.2}$$

を示せたらよい。そこで全ての実数 x, y, u, v に対して

$$\sqrt{x^2+y^2}+\sqrt{u^2+v^2} \geq \sqrt{(x+u)^2+(y+v)^2} \quad (2.12.3)$$

が成り立つので[*6]、$x=a-c, y=b-d, u=c-e, v=d-f$ とおけば

$$\sqrt{(a-c)^2+(b-d)^2}+\sqrt{(c-e)^2+(d-f)^2} \geq \sqrt{(a-e)^2+(b-f)^2}$$

つまり

$$D_E(\boldsymbol{j}, \boldsymbol{k})+D_E(\boldsymbol{k}, \boldsymbol{\ell}) \geq D_E(\boldsymbol{j}, \boldsymbol{\ell})$$

となります。

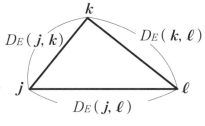

$$D_E(\boldsymbol{j}, \boldsymbol{k})+D_E(\boldsymbol{k}, \boldsymbol{\ell})=D_E(\boldsymbol{j}, \boldsymbol{\ell})$$

② 222 ページのマンハッタンの地図での「遠さ」の考え方は距離関数の条件(i)〜(iv)を満たしている。

考えたい集合を M とし、$M \times M$ から $\mathbb{R}$ への関数を D_M とする。

[*6] この不等式の証明は少し重たいので証明は省きました。シュワルツの不等式

> $\boldsymbol{a}=(x, y), \boldsymbol{b}=(u, v), \|\boldsymbol{a}\|=\sqrt{(\boldsymbol{a}, \boldsymbol{a})}=\sqrt{x^2+y^2}, (\boldsymbol{a}, \boldsymbol{b})=xu+yv$ とするとき
> $$\|\boldsymbol{a}\|\|\boldsymbol{b}\| \geq |(\boldsymbol{a}, \boldsymbol{b})|$$

を用いて、
$$\|\boldsymbol{a}+\boldsymbol{b}\|^2 = (\boldsymbol{a}+\boldsymbol{b}, \boldsymbol{a}+\boldsymbol{b}) = (\boldsymbol{a}, \boldsymbol{a})+2(\boldsymbol{a}, \boldsymbol{b})+(\boldsymbol{b}, \boldsymbol{b})$$
$$\leq \|\boldsymbol{a}\|^2+2|(\boldsymbol{a}, \boldsymbol{b})|+\|\boldsymbol{b}\|^2 \leq \|\boldsymbol{a}\|^2+2\|\boldsymbol{a}\|\|\boldsymbol{b}\|+\|\boldsymbol{b}\|^2 = (\|\boldsymbol{a}\|+\|\boldsymbol{b}\|)^2$$

となり $\|\boldsymbol{a}+\boldsymbol{b}\| \leq \|\boldsymbol{a}\|+\|\boldsymbol{b}\|$ が導かれ、不等式の向きを変えつつ、$\boldsymbol{a}=(x, y), \boldsymbol{b}=(u, v)$ を代入すれば

$$\sqrt{x^2+y^2}+\sqrt{u^2+v^2} \geq \sqrt{(x+u)^2+(y+v)^2}$$

が導かれます。

マンハッタン地図の一般の絵

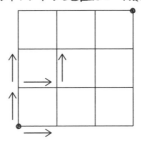

(i)の確認

横、縦に何区画か数えるのでマイナスになることはないので全ての $x,\ y \in M$ に対して $D_M(x,\ y) \geq 0$

(ii)の確認

223ページの定義 2.12.6 の(ii)の条件式は、⇔ なので両方向示さなければいけません。

（⇒）

すべての $x,\ y \in M$ に対して $D_M(x,\ y) = 0$ ならば、x から y に横に A 区画、縦に B 区画とする（ただし $A \geq 0 \wedge B \geq 0$ とする）と $D_M(x,\ y) = A + B = 0$ となり $A = B = 0$ しかありえない。これは x から y には横に 0 区画、縦に 0 区画しかありえないのと同じ意味ですね。よって一区画も離れていないので $x = y$ であるといえる。

（⇐）

逆にすべての $x,\ y \in M$ に対して $x = y$ ならば x から y へと横に 0 区画、縦に 0 区画なので $D_M(x,\ y) = 0 + 0 = 0$ が示されます。

(iii)の確認

すべての $x, y \in M$ に対して x から y への横の区画数と y から x への横の区画数は変わりませんし、縦に関しても同様に変わりません。

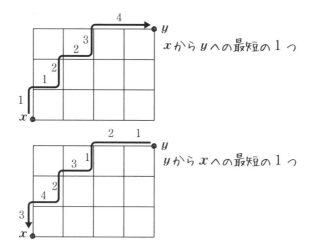

よって $D(x, y) = D(y, x)$ が確認できます。

(iv) の確認

全ての $x, y, z \in M$ に対して $D_M(x, y) + D_M(y, z)$ と $D_M(x, z)$ の大きさを考えてみましょう。下の図のように $A \sim F$ を定めます。

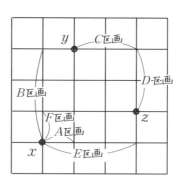

x から y の横…A 区画

x から y の縦…B 区画

y から z の横…C 区画

y から z の縦…D 区画

x から z の横…E 区画

x から z の縦…F 区画

このときあらゆる絵を描いて考えてみると

$$E=A+C \text{ or } A-C \text{ or } C-A$$
$$F=B+D \text{ or } B-D \text{ or } D-B$$

となるので

$$E \leq A+C$$
$$F \leq B+D$$

です。そこで $D_M(x, y)+D_M(y, z)$ を計算してみると、

$$\begin{aligned}D_M(x, y)+D_M(y, z)&=(A+B)+(C+D)\\&=(A+C)+(B+D)\\&\geq E+F\\&=D_M(x, z)\end{aligned}$$

となり、$D_M(x, y)+D_M(y, z) \geq D_M(x, z)$ が確かめられます。

□

以上より D_M は集合 M での距離関数になっていることが分かりました。ここで考えた「遠さ」は数学的に「距離」と呼んでよいということですね。ここで考えた距離関数 D_M のことを**マンハッタン距離**と呼んだりします。

普通、距離というと直線で結ばれたものを考えますが、このように直線

で結べない場合でも最短を考えれば距離になるということの例でした。距離になっているかどうか確認するというのは不思議な感覚に陥る方もいると思います。ですが当たり前と思っていることがなくなった世界から「当たり前」を作っているんですね。また、距離構造とは遠さを**実数値**で測ることができる構造のことですが、より抽象的に遠さを測る構造として**位相構造**があります。これはある集合に入っているか否かによって遠さを決めるような構造を考えるということです。厳密な定義は横において、イメージ作りだけをすると、位相構造による遠さの概念とは、

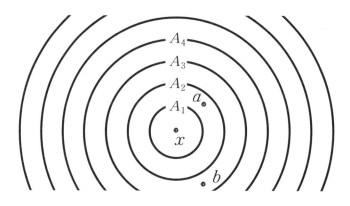

この図のようなとき x から遠いのは a よりも b と決める（定規で測ったりするわけではありません!!）というものです。これは、x から始まる集合の列 $A_1, A_2, \cdots$ について a は 2 番目以降全ての集合列に入っていますが、b は 3 番目以降でないと入っていないという事実をもとにしています（かなり理想化された例なので一例と考えていただけるとよいかと思います）。このように抽象化して、数値化されない近さや遠さがあるというのも数学の構造として表現できます。

● 測度構造

今までは集合とその元に注目して、元同士の「遠さ」を見たり元と元を組み合わせて新しい元を作り出したりしました。ここでは「集合自体が持っているポテンシャル（潜在能力）を数値化しよう」というコンセプトのもとで生まれた理論を学びます。この構造はかなり抽象的になりますし、難しいのでゆっくりじっくり進んでいきましょう。

測度空間

ある学校の数学の少人数クラス（ひまわり組）20人の集合を考えます。A～T君まで存在しています。そのもとで各々の0～100点のテスト結果を考えてみます。以下のようになっているとしましょう。

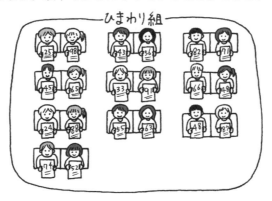

ひまわり組の冪集合 $\mathcal{B}$（ひまわり組）を考えてみましょう。冪集合は部分集合全部の集合で、冪集合の元は 2^{20} 個あります。その全ての部分集合に対して以下の μ という集合変数実数値関数を考えてみます。

$A \in \mathcal{B}$（ひまわり組），
$\mu(A) =$（集合 A に含まれる生徒の数学のテストをすべて足した点数）

こうするとひまわり組の部分集合全部に正の実数値を対応させることができると思います。このようにある集合（ひまわり組）の部分集合の大きさやポイントのようなものを測ることができる決まりがあるとき、その集合（ひまわり組）のことを**測度空間**と呼び、上に表れた $\mu(A)$ をひまわり組の部分集合 A の**測度**といいます。ある集合に測度が定まっている構造のことを**測度構造**といいます。「そくど」と聞くと「速度」を想像する方が多いと思います（普通の感覚だと思います）。同じ読み方なので注意してください。

ここでは「集合のポテンシャルを数値化する」にはどうしたらいいか？ ということを考えます。ここからは余力がある方だけで大丈夫です。「ここに至るまで構造をいくつか見てきて、測度構造というのが集合の持っているポテンシャルを数値化しているんだ」ということを押さえていただければ知識としては十分です。

定義 2.12.7（測度）

集合 A の冪集合 $\mathcal{B}(A)$ [*7] から実数の集合 $\mathbb{R}$ への関数 μ が以下の(i)〜(iii)を満たすとする。

(i) $\mu(\phi) = 0$

(ii) $^\forall X \in \mathcal{B}(A), \mu(X) \geq 0$

(iii) $^\forall X, ^\forall Y \in \mathcal{B}(A), X \cap Y = \phi \Rightarrow \mu(X \cup Y) = \mu(X) + \mu(Y)$

このとき関数 μ を $\mathcal{B}$ 上の**測度**といい、このとき $\mathcal{B}(A)$ に属する集合を**可測集合**という。

[*7] $2^A = \mathcal{B}(A)$ です。

集合に対して実数を対応させる写像（集合変数実数値関数）を考えて(i)〜(iii)の条件を満たすことを要請します。

各々説明を加えていきます。

(i)… μ は空集合には 0 を対応させる写像であるということをいっています。

(ii)… μ は集合 A の冪集合 $\mathcal{B}(A)$ の全ての元 X に対して $\mu(X)$ は 0 以上になることをいっています。

(iii)… $\mathcal{B}(A)$ の全ての元 X, Y に対してその二つの共通部分が空集合、つまり重なりがなければ、"$\cup$" の両側は足し算で分けることができるといっています（この性質を加法性といいます）。

例

① 先ほどのひまわり組の例で挙げた μ はこの性質を満たしています。

確認してみると、

(i) ひまわり組の冪集合 $\mathcal{B}$（ひまわり組）の元である空集合 ϕ は、誰も人はいないので点数の合計も 0 ですね。

(ii) ひまわり組の冪集合 $\mathcal{B}$（ひまわり組）の任意の元について点数の合計を計算しますが、そもそも点数はマイナスは存在しないテストだったので必ず 0 以上になります。

(iii) ひまわり組の冪集合 $\mathcal{B}$（ひまわり組）の任意の 2 元 X, Y（ひまわり組の任意の二つの部分集合）について重なりがないのであれば、"X または Y に所属する生徒の点数の合計" と "X に所属する生徒の点数と Y に所属する生徒の点数の合計" は一致するはずなので "$\cup$" の両側は足し算で分けることができますね。

以上より、ひまわり組の冪集合から実数への関数 μ は測度になっていることが確認できました。

②実数区間 $[0, 1]$ において、次のように $\delta_{\frac{1}{2}}$ を定めます。

$\delta_{\frac{1}{2}}$ は $[0, 1]$ の冪集合 $\mathcal{B}([0, 1])$ から実数への写像で、$A \in \mathcal{B}([0, 1])$ に対して、

$$\delta_{\frac{1}{2}}(A) = \begin{cases} 1 \left(\frac{1}{2} \in A \right) \\ 0 \left(\frac{1}{2} \notin A \right) \end{cases} \quad (2.12.4)$$

とします。$[0, 1]$ の部分集合を一つ決めるごとにその集合に $\frac{1}{2}$ が含まれているか否かをチェックして値を定めるという何とも不思議な関数です。

このとき $\delta_{\frac{1}{2}}$ が測度になることを確かめてみます。

確認

(i) まず、空集合 ϕ について関数 $\delta_{\frac{1}{2}}$ の値が 0 になるか確認します。空集合には当然 $\frac{1}{2}$ は入っていないので

$$\delta_{\frac{1}{2}}(\phi) = 0$$

となります。よって(i)は確かめられました。

(ii) 全ての $\mathcal{B}([0, 1])$ の元 X（$[0, 1]$ の部分集合）に対して $\delta_{\frac{1}{2}}$ は 0 か 1 しかとらないので

$$\forall X \in \mathcal{B}([0, 1]), \ \delta_{\frac{1}{2}}(X) \geq 0$$

となり(ii)も確かめられます。

(iii) 最後に全ての互いに素な（互いに交わりのない）集合 A, B を $\mathcal{B}([0, 1])$ からとると次の二つのうちどちらかになると思います。

(1) A, B のどちらにも $\dfrac{1}{2}$ が含まれない

(2) A か B のどちらかに $\dfrac{1}{2}$ が含まれる

(1)のとき

A, B どちらにも $\dfrac{1}{2}$ が含まれないので

$$\delta_{\frac{1}{2}}(A) = 0 \quad かつ \quad \delta_{\frac{1}{2}}(B) = 0$$

で、さらに $A \cup B$ にも $\dfrac{1}{2}$ は入っていないので

$$\delta_{\frac{1}{2}}(A \cup B) = 0$$

よって

$$\delta_{\frac{1}{2}}(A \cup B) = \delta_{\frac{1}{2}}(A) + \delta_{\frac{1}{2}}(B)$$

(2)のとき

A, B どちらか一方に $\dfrac{1}{2}$ が入っているので、例えば A に入っているとすると、

$$\delta_{\frac{1}{2}}(A) = 1 \quad かつ \quad \delta_{\frac{1}{2}}(B) = 0$$

となる。$\dfrac{1}{2} \in A \cup B$ なので

$$\delta_{\frac{1}{2}}(A \cup B) = 1$$

よって

$$\delta_{\frac{1}{2}}(A \cup B) = \delta_{\frac{1}{2}}(A) + \delta_{\frac{1}{2}}(B)$$

よって確かめられました。$\frac{1}{2} \in B$ としても同じ流れで確かめられます。

□

応用面ではルベーグ積分という分野があり、この測度を用いて定義される積分について勉強します。この測度構造は集合論をしっかり学んだ上で学習することが望まれます。集合論は具体例をもとにその特徴を一般化した数学的対象について学ぶものでした。これはある事実がどのような対象について成り立つのかを抽象度を保ちながら論述していくことに価値があるからです。これが大学数学の難解かつ特徴的な部分といえるでしょう。

本編はこれで終了です。ほとんどすべての数学的対象は**集合**という概念で記述されているということを意識してこれから学んでいくと、分かりにくかった概念も鎖が外れたかのように解けて腑に落ちると思います。困った時、ふと立ち止まった時は集合を思い出してみてください。

大学数学の各分野

　こちらの章では「大学数学ってどんな分野があるの？」、「どういった勉強をするの？」という迷える子羊のために、分野の簡単な紹介と必要な前提知識を紹介します。独りで勉強している方にとっては暗闇の中の光になることを願っています。

1 解析学

　解析学は数学の大きな分野の一つで、主に数列や関数について学びます。数の増え方や減り方がどうなっているか考えたり、グラフをかいたときにどのようになっているかを計算を用いて考えたり、一方を限りなく大きくしたときにもう一方がどうなるかを考えたりします。また、不等式がよく出てくることから不等式の学問ともいわれています。

解析学の各分野	対象年次	ページ
初等微分積分学	1 年次	240 ページ
多変数微分積分学	2 年次	242 ページ
複素関数論	2 年次	243 ページ
ルベーグ積分	3 年次	244 ページ
関数解析学	3 年次	246 ページ
確率論	2～3 年次	248 ページ
微分方程式論	2～3 年次	250 ページ

● 初等微分積分学

　大学数学を始めるならばまず微分積分学からといえるでしょう。一変数の関数について微分や積分を中心に勉強します。数列の極限についての定理や、平均値の定理など高校数学でも出てくるような定理を、$\varepsilon-N$論法や$\varepsilon-\delta$論法と呼ばれる手法で(使わないで勉強していく教科書もある

が）より厳密な形で証明していきます。よく知られている実数列の収束

$$\lim_{n \to \infty} a_n = \alpha \tag{3.1.1}$$

ですが、高校数学までですと

> n を十分大きくしたときに数列 a_n が十分 α に近づく

と直感的な定義が与えられることが多いのですが大学数学では本書で学んだ表記を一部用いて、

$${}^\forall \varepsilon > 0, {}^\exists N \in \mathbb{N} \: s.t. (n \geq N \Rightarrow |a_n - \alpha| < \varepsilon) \tag{3.1.2}$$

読むと、

> 任意の正の ε（イプシロン）に対して自然数 N が存在して、n が N よりも大きいならば a_n と α の距離が ε よりも小さくなるという条件を満たす。

となります。ここで深く解説することは避けますが、"いくらでも近づけることができる"ということを"ある数が存在する"ということで説明していることになります。このように数学の意味で明文化して関数の微分や積分を勉強していきます。間違いなく解析学の根底をなす部分です。

― 必要な前提知識 ―
高校数学まで

> **キーワード**
> 数列，関数，微分，積分，極限，級数，収束，発散，連続，一様連続，有界，整級数，$\varepsilon-\delta$論法，不等式，平均値の定理，テイラーの定理，コーシー，ライプニッツ，ネイピア数

● 多変数微分積分学

初等微分積分学で扱っていた概念を，$f(x_1, x_2, \cdots, x_n)$ のように n 個の変数が決まると値が一つ決まる多変数の関数を用いて勉強します。変数の数が増えるのでどのように拡張されているのか考えたり極限をとる順番を考えなければいけなかったりするので難易度が少し増します。また、一度にたくさんの計算を扱うのに線型代数学の知識も役に立つといえるでしょう。

> **必要な前提知識**
> 高校数学，初等微分積分学，線型代数学

> **キーワード**
> 関数，偏微分，全微分，重積分，ヤコビアン，座標変換，極限，収束，発散，連続，有界，$\varepsilon-\delta$論法，不等式，平均値の定理，テイラーの定理，ヘッセ行列，陰関数定理，ラグランジュの未定乗数法，コーシー，ライプニッツ

● 複素関数論

2乗すると-1になる数iを実数の集合に付加してできる複素数の集合$\mathbb{C}=\{z|z=a+bi,\ a,\ b\in\mathbb{R}\}$を考えます。この複素数の集合について勉強した後、関数

$$f:\mathbb{C}\to\mathbb{C}$$

について勉強していきます。例えば実数は直線と一対一に対応しますが複素数は平面と対応することや複素数の集合上の関数についての微分と実数の集合上の関数についての微分の違いがあります。数学のテーマの一つに一般化がありますが、一般化したときに既存の結果とどこがどう変わるか見極めることは今後数学を勉強していく上で大切な力の一つといえるでしょう。小説『博士の愛した数式』にも登場するオイラーの公式も複素関数論の有名な公式の一つです。

$$e^{i\pi}+1=0$$

ただし

$$e：自然対数の底$$
$$i：虚数単位$$
$$\pi：円周率$$

この分野を初めて勉強したとき、今までよりも扱っている世界が実はとても広いことに気付かされました。そして本当の世界はもっと広いのだと絶望もしたことを覚えています。

必要な前提知識

高校数学，集合論，初等微分積分学，多変数微分積分学

キーワード

ド・モアブルの定理，正則関数，オイラーの公式，複素線積分学，コーシーの積分定理，コーシーの積分公式，コーシー＝リーマンの方程式，有理型関数，留数，ローラン展開，℘関数，楕円関数

● ルベーグ積分

　初等、多変数微分積分学ではリーマン積分という名前の積分を勉強します。歴史的にはその積分では対応できない問題がたくさん出てきました。例えば次のような区間$[0, 1]$上の関数はリーマン積分では計算不可能です。

$$f(x) = \begin{cases} 1 & (x \in \mathbb{Q} \cap [0, 1]) \\ 0 & (x \in \mathbb{R}/\mathbb{Q} \cap [0, 1]) \end{cases}$$

ただし$\mathbb{R}$：実数の集合、$\mathbb{Q}$：有理数の集合、$\mathbb{R}/\mathbb{Q}$：実数の集合から有理数の集合を除いた集合。

　このような関数も、積分できるような新しい積分がルベーグ積分です。本編で少し述べましたが測度という概念を用いて積分を定義しました。このルベーグ積分を用いることにより、先のようなおかしな関数も積分の結果が存在するので今までにない結果をもたらすことになりました。ちなみ

にルベーグの意味で先の関数の $[0, 1]$ での積分は

$$_L\!\int_0^1 f(x)dx = 0$$

となります。左側に L がついているのは"Lebesgue（ルベーグ）"の頭文字からとっていて、その意味での積分を表すからです。また"almost everywhere"という概念も登場して、新たな近似の方法も発見されました。「ほとんどすべての点で成り立つ」という意味で、成り立たないのはとるに足らないときに利用します。例えば白い紙に座標系を入れて、その原点 $(0, 0)$ にだけ黒のインクを塗ったとします。そのときに

この紙は白い（ほとんどすべての点で）

という使い方をします。測度をしっかり勉強するとこの意味がより深く分かると思います。

　この分野では本格的に測度の勉強をして、そして実数上の計算に応用していくので厳密な微積分の取り扱いが必須になってきます。

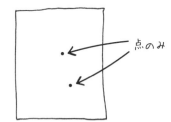

この紙は白い（ほとんどすべての点で）

必要な前提知識

高校数学，集合論，初等微分積分学，多変数微分積分学

> **キーワード**
> ルベーグ測度，フビニの定理，ルベーグ可測関数，チェビシェフの不等式，定義関数，ほとんど全ての点，優収束定理，ルベーグの収束定理

● 関数解析学

　関数解析学ではおもに関数そのものを元とする集合を考えて、その上での代数構造や位相構造を勉強します。例えば、実数から実数への関数で何回でも微分可能な関数の集合を考えて、C^∞ とかくことにします。つまり

$$C^\infty = \{f \mid f : \mathbb{R} \to \mathbb{R},\ f \text{ は何回でも微分可能}\}$$

という集合を考えます。このときに

　　　　C^∞ の集合上の足し算はどのように定めればいいか？

という問題を考えたりします。ここで必要になってくるのは「足し算とは何か？」ということだと思います。

　数学が高度になればなるほど抽象度が増してきます。抽象度が増せば今まで勉強してきたことの抽象的な型、言い換えれば本質が分かっていないといけないということをひしひしと感じる分野でもあります。その為に 2 章の最後に挙げた、"構造に着目する考え方" を常に持ち続けていただきたいと思います。

　足し算ですが C^∞ 上の 2 項演算を次のように定めます。

$f, g \in C^\infty$ の足し算 "$f+g$" とは

$$\text{すべての実数 } x \text{ に対して } (f+g)(x) = f(x) + g(x)$$

　初見で上の定義式が意味するところが完璧に分かる方はかなりセンスがあるといっていいと思います。センスというのは集合の元としての"関数"を考えることができる力ということです。この定義であれば我々が数を使って勉強してきた足し算と同じ性質を持っているということが確認できます（アーベル群になっているかなど）。

　このようにある関数の集合で距離を考えたり、大きさを考えたり、関数を関数に移す写像を考えたりしていくのが関数解析学です。微分方程式の解を研究したりするのに必要な学問の一つです。また、経済学に関数解析学の不動点定理が応用されているというのも有名な話です。

必要な前提知識

高校数学，集合論，初等微分積分学，多変数微分積分学，線型代数学，ルベーグ積分

キーワード

完備，距離空間，ヒルベルト空間，バナッハ空間，フーリエ変換，線型作用素，ノルム，L^p空間，ソボレフ空間，不動点定理，ハーン＝バナッハの定理，リースの定理，超関数，作用素，レゾルベント

● 確率論

　確率論は16世紀頃にギャンブルを優位に進める為に発展したといわれています。とても日常的である反面、ヴィジュアル化するのが難しかったり、抽象的な側面も少なくないので厳密に学ぶとなると難しさもなかなかのものです。20世紀にコルモゴロフによって公理化されて抽象度がより増すこととなりました。皆さんにも考えて欲しいのですが、

確率とは何でしょう？

　この疑問を厳密に捉えて、体系化したのがこの確率論です。確率測度というものを考えて議論を展開していきます。2章の最後に触れた測度の話です。本書では簡略化していますが、より一般の測度について学ぶことも重要になってきます。

　また、確率論は直感的な側面も持っていると先に述べましたが、モンティーホール問題に代表されるように数学を生業にしている方々でさえ、直感的に捉えていた部分が多く意見が割れたりしました。

問 題（モンティーホール問題）

　モンティーさんが司会を務めるアメリカのテレビ番組「Let's make a deal」にて以下のようなゲームがおこなわれました。

　あなたの前に3つの扉があり扉の向こうは見えなくなっている。扉の向こうには3つのうち1つだけ当たりの車、残り2つははずれのヤギが待ち構えている。

　まずあなたは3つのうち1つのドアを選択します。この時点でまだ開けてはいません。

　その後司会のモンティーさんが、あなたの選択していないドアのう

ちヤギが入ったはずれの扉を開けて教えてくれます。

　最後に選択を迫られます。最初に選んだ扉か、残った扉か。どちらを開けますか？？？

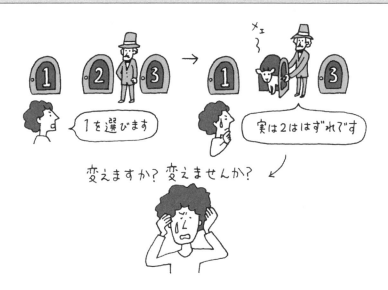

　これは確率論の序盤で出てくる条件付き確率の問題です。これは感覚的な確率と論理的な確率が異なる例としてよく挙げられます。集合論、測度論をベースに発展しているのでとても複雑な構造になっているといえます。応用分野では微分方程式と融合され確率微分方程式や統計学の基礎付けを、また、金融工学や保険数理でも登場します。しっかり学ぼうとすると、とても大変な分野だと、かの伊藤清先生もおっしゃっていました。

必要な前提知識

高校数学，集合論，初等微分積分学，多変数微分積分学，ルベーグ積分

> **キーワード**
> 標本空間，確率測度，確率分布，モーメント母関数，期待値，分散，大数の法則，中心極限定理，確率過程，ブラウン運動，条件付き期待値，マルチンゲール，マルコフ性，伊藤のレンマ，ラドンニコディムの定理

● 微分方程式論

方程式というと、

$$\frac{1}{2} - 5x = 2x$$

$$2x^2 + x = 5$$

のように1次方程式や2次方程式を思い浮かべることが多いと思います。このような方程式は代数方程式といい、方程式を満たす x は数です。微分方程式論で学ぶのは例えば次のような形をした方程式です。

$$\frac{dy}{dx} = 3$$

これを満たす関数 y を求めます。つまり微分すると3になるような関数 $y = f(x)$ を求めようというのです。代数方程式のときとはまた別に考慮しなければならないことがあったりします。また、解は関数なのでどのような条件を満たすか、解の公式はあるのか（一般的な解法はあるのか）、などなど問題はたくさんあります。一変数の関数だけでなく多変数の関数についての微分（偏微分）についても微分方程式を考えることができます。

それを偏微分方程式といい、大きな一分野を築いています。研究が盛んにおこなわれている分野といってよいでしょう。

微分方程式は微分の性質から物理現象を記述していることが多々あります。例えば雨粒が落下するときの運動方程式は

$$m\frac{dv}{dt} = mg - \kappa v$$

のように微分方程式で記述されます。このように応用面では物理、経済、化学…と様々なところでお目見えします。ひとくくりに微分方程式とかいてしまいましたが、研究としては用いる手法のタイプや扱う問題のタイプによって細分化されています。

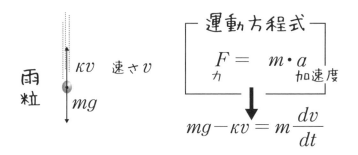

- 必要な前提知識 -

高校数学, 集合論, 線型代数学, 初等微分積分学, 多変数微分積分学, ルベーグ積分, 関数解析学

微分方程式の計算に主体をおいた勉強ならば、高校数学終了後、もしくは少しの初等微分積分学を学んだあとに入ることができます。

> **キーワード**
> 線型微分方程式，定数係数微分方程式，リプシッツ連続，解の一意性，コーシー条件，斉次型，微分作用素，整級数展開法，ラプラス変換，フーリエ変換，ルンゲクッタ法，逐次代入法

> **キーワード（偏微分方程式）**
> 熱方程式，波動方程式，ラプラス方程式，シュレーディンガー方程式，ナヴィエストークス方程式，KdV方程式

2 代数学

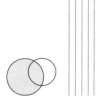

　代数学は読んで字のごとく数の代わりに文字を使う代数方程式の研究から端を発していますが、今の代数学自体の対象としては、本編に少し挙げた群や、他に代数構造をいくつか定めた環や体といわれる集合について勉強することが主です。

代数学の各分野	対象年次	ページ
線型代数学（前）	1 年次	253 ページ
線型代数学（後）	1 年次	255 ページ
群，環，体論基礎	2 年次	256 ページ
ガロア理論	3 年次	257 ページ

● 線型代数学（前）

　高校数学でベクトルという分野を勉強しますが、この線型代数学はその分野を少し抽象的に発展させたものと考えてもらえるといいと思います。抽象的というのはどういう意味かというと、多くの場合高校数学ではベクトルとは

向きと大きさを持った矢印

と捉えられます。もちろんイメージとしてはとても分かりよいと思います。

しかしそのイメージが必ずしも本質を表しているとはいえず、抽象的にその"矢印"を捉え直します。捉え直したベクトルは

ベクトル空間の元

として定義されるといってよいでしょう。少し面食らってしまうかもしれませんが結局のところ「ベクトル空間とは何か？」という問題に帰着すると思います。このベクトル空間について勉強していきます。

特に線型代数学（前）ではベクトル空間とベクトル空間上の線型写像（行列）について厳密に学びます。写像は本編で勉強しました。"線型"というのは、

集合 A から B に写像 F が与えられたとき、α，$\beta \in K$，$\boldsymbol{x}$，$\boldsymbol{y} \in A$ に対して、

$$F(\alpha\boldsymbol{x}+\beta\boldsymbol{y}) = \alpha F(\boldsymbol{x})+\beta F(\boldsymbol{y})$$

が成り立つという性質のことです（K は係数体と呼ばれ、主に実数や複素数などの集合であることが多いです）。実際、行列をかけるという作業はこの線型写像に当たります。

必要な前提知識

高校数学，集合論（少し）

キーワード

ベクトル空間，1次独立，部分空間，内積，正規直交基底，行列，固有値，対角化，表現行列

● 線型代数学（後）

　線型代数学（前）で扱わなかった内容を扱います。この他に 2 次元空間の曲線の行列表現についてなどを学びます。2 次曲線と呼ばれるこれは

$$ax^2+by^2+2cxy+2dx+2ey+f=0$$

とかけますがこれは行列とベクトルを使ってかけば、

$$(x \quad y \quad 1)\begin{pmatrix} a & c & d \\ c & b & e \\ d & e & f \end{pmatrix}\begin{pmatrix} x \\ y \\ 1 \end{pmatrix}=0$$

と表現されます。ここに、勉強した線型代数学の知識を利用して曲線がどのようになるのか分類していったりします。少し幾何学と混ざったイメージですね。微分積分学とも絡めて考えたりします。例えば、横ベクトルを縦ベクトルで微分することを定義したり、A を行列としたときに、

$$e^A$$

はどのように定義されるか勉強したりします。これは自然対数の底 e の行列乗になるので一変数の微積分まででは取り扱っていない形になります。これは変数がいっぱい出てくるような場合にお目見えします。統計学では多変量解析で一般的な解を求める場合には必要になります。

必要な前提知識

　高校数学，集合論（少し），微分積分学（前）

> **キーワード**
> ジョルダン標準形，2次形式，行列の解析的取り扱い

● 群、環、体論基礎

　本編でも少し学習しました、代数構造についてまず簡単に勉強します。代数構造とは集合上にある条件を満たす計算のルールが定まった構造のことです。足し算のような構造とかけ算のような構造とが入った集合ではどのようなことが起こるのか？ などを勉強します。当たり前を勉強していくというイメージが強いですが、最低限必要な公理をもとに我々が当たり前に認めていたことや、気付くことができなかった定理の証明にまでたどり着きます。各分野を学ぶ上でも知っておいて欲しい部分でもあります。抽象的に議論を進めているので様々な分野で応用されているのですね。個人的には群論を学んでいるときに、

集合 A から集合 A への写像全部の集合

を考える部分が出てきたのですが、「おぉ、そんなことまで考えたか…」と衝撃を受けました。と同時に物事を考えられるキャパシティーが広がったように感じました。このように知らない世界を知ることで知っている世界をより深く見ることができたりよく変えることができると思います。数学を学ぶ意義が詰まっている分野だと思います。本書の次は微分積分学や線型代数学でもいいですが、群論を学んでみても面白いかもしれません。

必要な前提知識
高校数学，集合論

キーワード
群，環，体，アーベル群，一般線型群，対称群，正規部分群，加群，イデアル，双対空間，有限生成アーベル群の基本定理，剰余環，写像，準同型写像，準同型定理，整域，多項式環，商体，実数体，複素数体，ハミルトンの四元数体

● ガロア理論

1800 年初頭、エヴァリスト・ガロアによって代数方程式

$$a_n x^n + a_{n-1} x^{n-1} + \cdots + a_2 x^2 + a_1 x + a_0 = 0$$

の解の公式について研究がなされました。研究当時、皆さんもご存知の以下の 2 次方程式の公式、

> **2 次方程式の解の公式**
> $ax^2 + bx + c = 0 (a \neq 0)$ の解は
> $$x = \frac{-b \pm \sqrt{b^2 - 4ac}}{2a}$$
> で与えられる。

やカルダノの3次方程式の解の公式、フェラーリの4次方程式の解の公式はあったものの5次方程式以上は見つかっていませんでした。

　ちなみにここでいう解の公式というのは元の方程式の係数 $a_n, a_{n-1}, \cdots, a_1, a_0$ の四則演算と累乗根の有限個の組み合わせによって表現できることを指します。前ページの2次方程式の解の公式であれば右辺はもとの2次方程式 $ax^2+bx+c=0$ の係数 a, b, c しか使っていないということです。この意味でガロア理論によると、

　　　　　5次以上の代数方程式には解の公式は存在しない

ということが示されます。

　このように「解の公式が存在する」という事実をガロアは代数構造（加法や乗法のような）を持つ群や体を対象として解析したのです。数学としてはとても革命的な手法で、ここから群論が発展していきました。今では様々な分野で応用される理論のきっかけを作った理論なのです。

　また、幾何学の問題へのガロア理論の応用例として、

　　　　　定規とコンパスで任意の角の3等分線は作図できない

という事実があります。個人的には想像を超越していると感じるとともに、ものすごいところに数学者はたどり着けているなぁと感じた分野です。

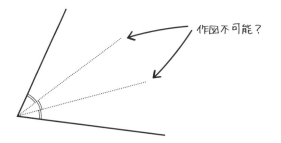

必要な前提知識

高校数学，集合論，群，環，体論基礎

キーワード

巡回群，ガロア群，交換子群，体の拡大，べき根拡大，単純拡大，正規拡大，分離拡大，超越拡大，固定体，中間体，自己同型写像，可解群

3 幾何学

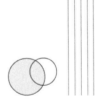

　数学として一番歴史がある分野です。エジプトのピラミッド建築で三平方の定理や合同や相似の考え方が使われていたことはよく知られています。学問として最も直感的であるという理由から小学校算数において根幹をなす分野です。人間が数学を数学として大成させていく第一歩として幾何学があったのでしょう。

代数学の各分野	対象年次	ページ
初等幾何学		260 ページ
微分幾何学	2,3 年次	262 ページ
多様体論	3 年次	264 ページ
位相幾何学	3 年次	266 ページ

● 初等幾何学

　初等幾何学とは一口でいうと、作図に関する幾何学の勉強です。定規とコンパスを次のような用途でのみ用いるという公理のもとで、様々な作図問題と図形の性質を学んでいきます。

> **作図の公理**
> 1. 定規は直線を引くことのみに用いる。
> 2. コンパスは任意の点を中心として、任意の長さを半径とする円を作図するためにのみ用いる。

　コンパスはなんとなく分かると思いますが、定規の方は目盛りがないことを明示しています。初等幾何学の問題は例えば下のようなものです。

①任意の角を二等分する直線を作図できることを証明せよ。
②任意の三角形の中点、3頂点から対辺に下ろした垂線の足、垂心と3頂点の中点の以上9点は同一円上に存在することを証明せよ。

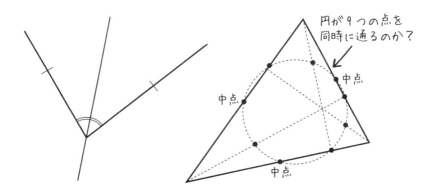

　①はいわゆる角の二等分線ですね。作図問題に関しては作図の方法、そしてその作図が正しいという証明、特別な図形にしか成り立たない事柄などを考えていきます。②の条件を満たす円は9点円やオイラー円といわれています。
　証明に関しても割と直感的にできること、そして、作図に関しては上に

挙げた簡単な公理のみでトライできるので老若男女、発達段階と前提知識にあわせて勉強できる易しい分野だと思います。

必要な前提知識
特になし

キーワード
ユークリッド原論，平行線の公準，合同，相似，円周角，外心，垂心，内心，重心，傍心，9点円の定理，シムソン線，メネラウスの定理，チェバの定理，デザルグの定理

● 微分幾何学

曲線や曲面を任意にいくつかかいてみると我々は違いを感じます。

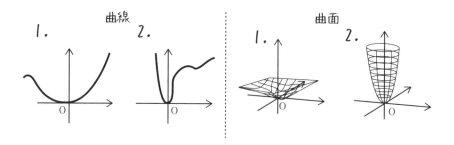

この二つの違いは曲がり方です。どちらも1番の方が原点において急激に曲がっています。この曲がり具合は連続的な量（曲がり具合は実数値で表される量）なのである点での曲がり具合を数値化します。どちらがよ

り曲がっているか？ をその図形に依存する幾何的な量を算出し比べます。微分幾何学ではこの"図形に依存する幾何学的な量"を微分を使って定義し解析していきます。これは高校数学で学習したことと繋がっていて、1 階微分で曲線の増減が分かり、2 階微分で曲線の凹凸が分かりました。

x	$\cdots$	a	$\cdots$	b	$\cdots$
$f'(x)$	$-$	$-$	$-$	0	$+$
$f''(x)$	$-$	0	$+$	$+$	$+$
$f(x)$	↘		↘		↗

よく考えてみるとこれは曲線固有の幾何的な量ですね。このようなものをベースに、曲線と曲面について勉強していきます。計算量が多く、微分積分学や線型代数学のいい復習になります。リーマン幾何学、多様体論へと繋がっていきます。ガウスが驚嘆して思わずしるしたという、

$$theorema\ egregium$$
（脅威の定理）

も出てきます。数学というと冷静沈着で「熱くなるなよ」がキーワードですが、そんな中で興奮を隠しきれないものがあるというのも乙なものですね。

必要な前提知識

高校数学，集合位相論（初歩），初等微分積分学，多変数微分積分学，線型代数学（前）

> **キーワード**
> 曲線，曲面，主曲率，法曲率，ガウス曲率，捩率，第1基本量，第2基本量，Weingarten（ワインガルテン）の公式，Gaussの基本定理，Frenet-Serrer（フレネ・セレ）の定理，Gauss-Bonnet（ガウス・ボネ）の定理，ガウスの驚異の定理，測地線，微分形式，Mainardi-Codazzi（マイナルディ・コダッチ）の式，測地的曲率，等温パラメータ，弧長パラメータ，Stokes（ストークス）の定理

● 多様体論

多様体論とは滑らかな曲面上での幾何学です。下のようなぐにゃぐにゃな図形の上に局所的に座標面をペタペタと貼っていきます。

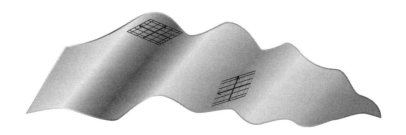

ペタペタ貼ることのできる図形のことを多様体といいますがその定義は距離空間の一般化された位相空間を用いて定義されます。このようにして座標を入れることで我々がよくやるような関数の定義や微分の計算を考えることができます。この計算ができるような条件を考えたりしていきます。

こちらもまた、想像しやすい2、3次元の図形である必要はなく多次元で考えることもできます。抽象的なリーマンによって提唱された理論を一般化して作られたのが多様体論であるといわれています。

『多様体』萩上鉱一著（共立出版）によると、

$$幾何学 = 多様体 \times 群$$

という式が挙げられています。ここにおける"×"と等式の説明はおいておきますが、幾何学自体の基本的な考え方であるということはなんとなく伝わってきますね。この概念が散らかっていた幾何学の概念をまとめることになったといわれています。これを読みながら溝に落ちないように気をつけてくださいね。

必要な前提知識

高校数学，集合，位相論，初等微分積分学，多変数微分積分学，線型代数学（前）

キーワード

微分形式，局所座標系，アトラス，座標変換，微分同相写像，接ベクトル場，射影空間，球面幾何学，楕円面上の幾何学，放物面上の幾何学，双曲面上の幾何学，埋め込み定理，リーマン多様体，リー群，アフィン空間，積多様体，コホモロジー

● 位相幾何学

トポロジーとも呼ばれるこの幾何学は柔らかい幾何学といわれます。例えば下の二つの図形を見てみましょう。

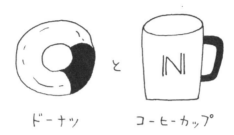

この二つは違う図形ですね。しかし、位相幾何学では引っ張って伸ばして移り合う図形は区別せずに幾何学を考えます。例えば、二つの図形は下の変形で移り合いますね。

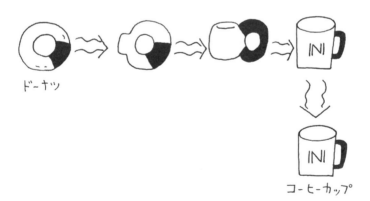

なので同一視されます。このような世界ではラグビーボールも球も円柱も同じものとして扱われます。こうすると正四面体とか一般の四面体とかそ

ういった区別もなくなります。繋がり具合だけにフォーカスしたこの世界では成り立つ定理は何か？ や図形を分類したりしていきます。

　イメージを挙げましたが直感的に勉強しやすいのは 2、3 次元の位相幾何学だと思います。しかし、厳密な定義となると n 次元になるし、集合、位相、群論の基本概念などをベースに勉強していかなければいけません。例えば先ほどから使っている引っ張って伸ばして図形を変形させる操作は同相写像という写像で定義されますが、その定義は写像や連続という概念で決められます。ここに深い想像力と論理力が必要になってくるのです。実際、数学科で学ぶ位相幾何学は抽象的な議論が主になります。幾何学とは絵がかけるものという認識があるかと思いますが、絵がかけない幾何学も存在します。やはりレベルが上がると抽象度が増していくのですね。

必要な前提知識

高校数学，集合，位相，群論基礎

キーワード

同相写像，ホモトピー，変位レトラクト，単体，単体複体，多面体，単体分割，抽象複体，単体写像，重心細分，単体近似定理，ホモロジー群，オイラー数，錐複体，非輪状性，鎖写像，誘導準同型，連結準同型，基本群，基本群のホモトピー不変性

4 その他の分野

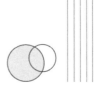

● 数理論理学（数学基礎論）

　数理論理学では1章で学んだような論理をより深く学んでいきます。本書でも少し挙げていますが日常言語に頼らないで、いくつかの記号といくつかの決まりのもとで数学的事実を確認しようという立場です。基本姿勢は"ドライ"に。ある決まりのもとで形式的に変形したり導き出すことができるだろうか？　というところに主眼をおいていますから当たり前と思って変形してしまうと学習する価値がなくなってしまいます。ゲーデルの不完全性定理はこの数理論理学の代表的なトピックの一つです。この根底には意味を数学的に表現するという発想があり、

$$
\text{意味としての"ならば"と記号としての"} \Rightarrow \text{"} \\
\text{意味としての"かつ"と記号としての"} \wedge \text{"}
$$

というように対応をつけて議論していきます。誤解を恐れず端的に述べるならば、数学は矛盾がない体系とすると証明も否定もできないような命題が存在するというような超越的な概念が証明されました。この例は前に挙げた、

$$
\text{「この文章は正しくない」}
$$

という自己言及のパラドックスです。このように対象が意味とか体系とか

そういったものになるのでつかみ所があまりない気もしますが、数学の奥底、見方を変えれば数学自体を眺望するような理論といえるでしょう。

> **必要な前提知識**
>
> 集合論，忍耐力と抽象物への理解と論理的な思考能力はかなり必要。

> **キーワード**
>
> 記号論理，推論，型の理論，証明論，モデル理論，帰納的関数，1 階述語論理の完全性定理，ペアノ算術，超準解析，バナッハ・タルスキーのパラドックス，ゲーデル数，ゲーデルの不完全性定理，ロッサーの不完全性定理，完全性，無矛盾性，ω - 無矛盾，カット除去定理

● 集合論、位相空間論

　本来ならば集合論と位相空間論の二つに分けるべきですが、密接に繋がっていることから大学では 1, 2 年生で「集合と位相」として学ぶことが多いです。集合論は本書を勉強していけば何を学ぶかがおおまかに分かると思います。集合論でさらに習うこととして"無限集合の無限の個数を数える"すなわち"色々な無限集合の大小の比較をし、どんな無限があるか？ を調べる"ということもします。

　位相空間論については、本書で挙げた距離構造という概念があったように、その構造の一般化と捉えることができます。距離空間では遠さを数値化していました。これは我々が使っている長さの単位（例えば cm や

mm）みたいなものですが、その一般化された空間である位相空間では数値化せずに遠さ比べをします。そこで出てくるのが集合です。2章の最後に出てきましたが、例えば遠さ比べはある条件を満たす集合の列を考えて、下のように比べます。

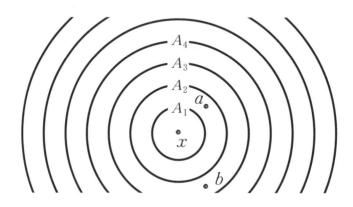

数値化していないですが遠さを比べることができました。この分野はイメージの抽象化の第一歩になります。この抽象化は数学の色々な分野で応用され、集合の考え方とあわせて数学の基礎とよくいわれます。

必要な前提知識
集合論

キーワード（位相空間論）
順序数，基数，濃度，連続体問題，選択公理，整列可能定理，ツォルンの補題，ラッセルのパラドックス，超限帰納法，開集合系，閉集合系，位相を入れる，内点，触点，外点，集積点，孤立点，稠密，連結，コンパクト，可算公理，分離公理

● 整数論

　整数の性質について勉強します。幾何学と同じくらい歴史があり、簡単な問題から悪魔のような問題まで存在する分野です。下のような問題はどちらも簡単そうに見えますが難易度が全く違います。

> **問題**
> ・連続する 3 つの整数の平方和は 3 で割ると必ず 2 余ることを示せ。
> ・3 以上の自然数 n について、$x^n+y^n=z^n$ となる 0 でない整数 (x, y, z) の組が存在しないことを示せ。

　下は簡単そうに見えますがフェルマーが発見したとされる定理で、証明がついていなかったためたくさんの数学者が研究した結果、360 年かかってワイルズによって証明されました。このように問題自体は分かりやすいけれども解決はとても大変ということが起こりえます。また、実際に整数論を研究していく上で、様々な分野の手法を使っていきます。解析学の手法を用いて整数論をやる場合は解析的整数論、同様に代数的整数論……などと細かく分かれていきます。

$$\zeta(x) = \sum_{n=1}^{\infty} \frac{1}{n^x}$$

　この式はリーマン-ゼータ関数と呼ばれる有名な式で、素数分布を研究する道具として使われます。古来から量的な対象として扱ってきた数について様々な構造が理解されていく様は我々の歴史の秘密が解かれているような……これ以上は余白がないので止めておきます。

> **必要な前提知識**
>
> 高校数学,（研究報告によっては）集合位相論(初歩), 初等微分積分学, 多変数微分積分学, 複素関数論, 群, 環, 体論, etc.

> **キーワード**
>
> ユークリッド互除法, エラトステネスのふるい, ベルヌーイ数, 中国剰余の定理, ルジャンドル記号, アイゼンシュタイン級数, ネター環, デデキントの判別定理, 円分体, アデール, イデアル, ディリクレ級数, 岩澤理論, 剰余類, ゼータ関数, 素数分布, p 進体, 類体論, 志村五郎, 高木貞二

● 情報数学

現在のコンピュータ・インターネットという IT 技術は、さまざまな情報数学の理論を土台として成り立っています。そしてそれらのほとんどの基礎を、まだコンピュータのない時期にシャノンという人物が築き上げました。具体的には以下です。

「誤り訂正の符号理論」

データを送る際に、(音声ならば雑音（ノイズ）で) データの一部が壊れてしまうことは、日常茶飯事です。電線でも光ファイバーでも、長く移動する間にデータが少し壊れてしまうことはよくあるようです。CD や DVD の再生でも、揺らせば音やデータが飛びますし (読み取れないということ)、ほこりやキズによりデータを読み取れないことも多々あります。「多少の」それらのことで、データを再現できなくなってしまうようでは

困るわけです。そこで、多少のデータの欠損があっても、正しいデータに直す技術がこの「誤り訂正の符号理論」です。

「データ圧縮の理論」

メールに添付したり、ダウンロードするときによくありますが、大きなデータをそのまま伝送しようとすると、大変です。そこで「データを圧縮」するという技術が発明されました。

「計算量理論」

色々な問題を計算機（コンピュータ）に計算させるとき、最善のアルゴリズムでどの位時間がかかるか？ どの位メモリを食うか？ という問題があります。これを「計算量」の問題といい、こういった問題について考える理論です。

「暗号理論」

通信をおこなう際、盗聴を防ぐために、暗号化が必要になります。素数を用いて、暗号理論の一部が論じられることもあります。

これら4分野の基礎を、シャノンは一人で築き上げました（ただし暗号理論は、現在はシャノンの方法とは異なる方向で進んでいます）。そして、最近人工知能のプログラムが将棋や碁のプロを負かして話題になっていますが、人工知能プログラムが出てくる前までのアルゴリズムは、シャノンが考案して発表したチェス対決のアルゴリズムと本質的に同じものがずっと使われていました。そのシャノンが築いた情報理論が、現代数学により更に進んで研究されています。その基礎を学ぶのが情報数学です（全ての大学の数学科で学ぶわけではありません。また一部だけ学ぶこともあります）。

必要な前提知識

初等微分積分学，線型代数学，初等整数論（フェルマーの小定理），代数の基礎（特に有限体の基礎）

キーワード

アルゴリズム，データ圧縮，誤り訂正符号，（パリティチェック），暗号理論, RSA, 計算量, P=NP?, シャノン, チューリング, ノイマン

● 数理統計学

　数理統計学は確率論と結びつけられることが多いです。現実に起こりうる事柄をモデル化し、その変数が確率的に定まったものと捉えて議論していく過程で確率論の考え方が必要になってくるのでしょう。現代社会と数学の距離が目に見える中で一番近い分野ではないでしょうか？ 目に見えるというのは数理統計学の理論がそっくりそのまま応用されているという風に読み替えられるかと思います。データの集計だけに留まらず、理論値からの乖離を確率的に捉えて様々な意思決定に繋げていきます。肌で感じるに、いま日本で最も多くの大人が学んでいるのではないでしょうか。統計学の問題を一つ挙げておきます。

問題

ポテトチップスが大好きなもとき君。C 社のポテトチップスと K 社のポテトチップスの違いが分かるといいます。これを確かめるためにはどうしたらいいでしょうか？

この問題で大切なのは違いが分かるかどうかをどう確かめるかということですが、"ランダム化"します。ランダムに「ポテトチップス10問クイズ」をおこなって10問中何問正解するかを調べればいいですね。さらに10問中何問以上正解すれば違いが分かるといってよいでしょうか？ 9問正解したら違いが分かると判断してもよさそうな気もします。これは統計学の一つの山「検定」という部分の一例です。これが理解できると、今起こった事柄がたまたまなのかそれとも原因があるのか？ を判別できます。検定をある程度理解したければ高校数学が少しできれば大丈夫でしょう。さらに発展的な統計学はいろいろな分野と絡んでいて、それにあわせて前提知識が必要になってきます。

--- 必要な前提知識 ---

高校数学，（発展的な統計学であれば）初等微分積分学，多変数微分積分学，線型代数学（前，後），確率論，etc.

> **キーワード**
> 期待値,分散,確率変数,確率分布,点推定,区間推定,最尤推定,不偏推定,最小2乗法,検定,母平均の検定,母分散の検定,独立性の検定,相関係数の検定,分散分析,回帰分析,マルコフ過程,待ち行列過程,多変量解析,因子分析,主成分分析,クラスター分析,数量化,ベイズ統計学

付録：記号表

● ギリシャ文字

記号	読み方	よくある実用例
α	アルファ	（2次方程式の）解，有意水準など
β	ベータ	（2次方程式の）解など
γ	ガンマ	（3次方程式）解
δ	デルタ	イプシロンデルタ論法にて
ε	イプシロン	イプシロンデルタ論法にて
ζ	ゼータ	ゼータ関数
η	イータ	イータ関数
θ	シータ	角度
ι	イオタ	恒等写像
κ	カッパ	曲率
λ	ラムダ	固有値
μ	ミュー	確率分布の母平均
ν	ニュー	電磁波の周波数
ξ	クシー（グザイ）	フーリエ変換後の変数
o	オミクロン	スモールランダウ記号
π	パイ	円周率、平面
ρ	ロー	密度、電気抵抗率
σ	シグマ	確率分布の母標準偏差
τ	タウ	捩率
υ	ウプシロン	
ϕ	ファイ	空集合

記号	読み方	よくある実用例
χ	カイ	カイ2乗分布
ψ	プサイ（プシー）	粒子の波動関数
ω	オメガ	方程式 $x^3-1=0$ の解，角速度
A	アルファ	
B	ベータ	
Γ	ガンマ	ガンマ関数
Δ	デルタ	増加分、ラプラシアン
E	イプシロン	
Z	ゼータ	
H	イータ	イータ関数
Θ	シータ	確率空間
I	イオタ	
K	カッパ	
Λ	ラムダ	添字集合
M	ミュー	
N	ニュー	
Ξ	クシー（グザイ）	
O	オー	
Π	パイ	直積集合、複数のかけ算
P	ロー	
Σ	シグマ	総和
T	タウ	
Υ	ウプシロン	
Φ	ファイ	
X	カイ	
Ψ	プサイ（プシー）	波動関数
Ω	オメガ	全体集合

● よく使われる数学記号

記号	読み方	使用例	意味
arcsin	アークサイン	$y = \arcsin x$	$y = \sin x$ の逆関数
arccos	アークコサイン	$y = \arccos x$	$y = \cos x$ の逆関数
arctan	アークタンジェント	$y = \arctan x$	$y = \tan x$ の逆関数
sinh	ハイパボリックサイン	$y = \sinh x$	$y = \dfrac{e^x - e^{-x}}{2}$
cosh	ハイパボリックコサイン	$y = \cosh x$	$y = \dfrac{e^x + e^{-x}}{2}$
tanh	ハイパボリックタンジェント	$y = \tanh x$	$y = \dfrac{e^x - e^{-x}}{e^x + e^{-x}}$
cosec	コセカント	$y = \operatorname{cosec} x$	$y = \dfrac{1}{\sin x}$
sec	セカント	$y = \sec x$	$y = \dfrac{1}{\cos x}$
cot	コタンジェント	$y = \cot x$	$y = \dfrac{1}{\tan x}$
exp	エクスポネンシャル	$y = \exp(x)$	$y = e^x$
lim	リミット	$\lim\limits_{n \to \infty} x_n = \alpha$	極限
∇	ナブラ	∇f	偏微分作用素
∂	デル, ラウンド	$\dfrac{\partial f}{\partial x}$	関数 f の偏微分
$\int$	インテグラル	$\int_0^1 x^2 \, dx$	関数 $y = x^2$ の 0 から 1 までの積分
$\|\cdot\|$	ノルム	$\|f\|$	f のノルム

付録：記号表

mod	モジュール, モッド	$a \pmod{b}$	a を b で割ったあまり
$\mathbb{N}$	自然数の集合		
$\mathbb{Z}$	整数の集合		
$\mathbb{Q}$	有理数の集合		
$\mathbb{R}$	実数の集合		
$\mathbb{C}$	複素数の集合		

おわりに

　2013年12月頃、この本の企画を立ち上げました。自分が学ぶときにあったらいいなと思っていた本をかけば、数学という切り口で少しでも社会貢献ができるのではないかと思いスタートしました。しかしなかなか思うように執筆が進みませんでした。数学の事実を表現するということは決して簡単なことではありませんでした。しかしその為にその数学的事実を見直すことで自分自身が本質に近づくことができたと思います。新しい発見をされている歴代の数学者達がおこなっていることの本質はこれと似ていると私は考えていて、数学者の中にある数学的事実（そのときは証明できていませんが）を毎日毎日我々が把握できる形、例えば数式や記号、公理に基づく推論、に表現している、と。そのような崇高なおこないを形は違えど経験できたことを誇りに思います。

　さてこの場を借りて日本の教育現場に携わる全ての方（先生、学生など…）に提言をしたいと思います。それは数学を学ぶ価値は幾つかの言葉で表現できるということです。

　一つ目は安直ながら**計算能力の訓練**といえるでしょう。現代の日本で本当の意味で自給自足をしている方はいないと思います。それは社会と繋がりながら生きるということで、そしてこの社会では四則演算をはじめとする実数の計算によって規定されているものが数多くあります。つまり全ての日本人は四則演算をはじめとする実数の計算によって規定されているものに準ずることが必要なのです。多かれ少なかれ多少の計算は人生を正の方向に進める要素であるといえます。

　二つ目は**思考の訓練**ということ。生きていく中で一度も問題にぶつか

おわりに

ったことがない人を私は見たことがありません。問題というのは国語や算数の問題に留まらず、好きな人と仲良くなれないとか、車が欲しいけれど生活費との折り合いがつかないなどの日常生活での悩みも含みます。もし問題を抱えたことがないと発言されるならば、私はその人の発言に懐疑的になりますから自然と問題が発生するでしょう。その問題を解決する為に必要なのが大きく二つで、理論と経験でしょう。そして理論という武器に必要になってくるのが思考と応用です。つまり問題を解決する過程に思考するという動詞が顔を出し、応用というアウトプットができることが問題解決のプロセスと考えられるのです。経験や運と呼ばれる裏技で切り抜ける方もいらっしゃいますが大多数はそうではないので、あくまで"裏技"なのでしょう。

　本書で伝えたいポイントの一つとして挙げられるのは数学を学ぶことで思考のレベルが上がるということです。集合や写像を学んでもそれは関数等に繋がるだけで、将来使わないだろうと考えて終わってしまった方に伝えたかったのは**数学が我々のものの考え方や感覚を論理的に説明してくれている学問体系である**ということです。その為に日常生活の形で表現していて、それが本書の価値といえるでしょう。その特別な例として我々の生きている世界があったり、使っている言語や、行動があるのだと思います。様々な方面で、難しい数学は大人になっても使わないといわれるのを聞きますが、それは個人的に悲しいことです。数学で学ぶことからそれを一般化して、汎用性のある形にしてポケットに入れておき、それぞれが抱える問題の解決の為に形を変えたりしていくことが、望ましい数学の活かし方です。

　「使わない」ではなく特別な形に落として、自然と使っていることに「気付けていない」という方が正しい表現なのではないでしょうか。

　そして三つ目は**説明能力の訓練**です。数学の事実は正しいならば証明しなければいけませんでした。証明の意味の一つは共通言語を持ってい

る者に正しいことを"伝える"ところにあります。共通言語とは今の場合、数字、記号、公理などを指します。伝えるという作業は共通言語が英語や日本語になったとしても変わらないでしょう。相手にうまく伝えることは人類のテーマなのではないでしょうか。証明することをたまにおざなりにする方がいますが、数学をちゃんと、そして力をつけながら学んでいきたいという方は是非避けずになぜ正しいのか、そして分からない事柄はなぜ自分が分からないのか、なにが分かれば正しいことが確認できるはずなのか？をゆっくり考えてみてください。世の中にはすぐに分かることばかりが転がっているとは限らないのですから。

　こうしてかき上げる中で気付くことは、人は人との関わりによって超越的なものへの理解を深めていっているということです。自分の世界の中だけで数学をやっている人はいないと思います。誰からか教わって影響を受けて、そしてまた誰かに伝えてという繰り返しなんじゃないでしょうか。数学をやっている人はよくコミュニケーションをとる上で煙たがられますが、私が思うに実は究極の平和主義者なのだと思います。論争や衝突を解決するためには全員が統一的な理論を持って共通の言語で会話すればいい、そう考えているのです。なので、「問題を整理しよう」とか「前提条件を共有しよう」なんていったりするんです。こんな実直で不器用な平和主義者がいることを心のどこかにとどめておいてくれたらと思います。

大蔵　陽一
2016 年 8 月　自宅にて

索 引

英数字

1階述語論理の完全性定理 ………………………… 269
1次独立 …………………… 254
2項演算 …………………… 208
2次形式 …………………… 256
9点円の定理 ……………… 262
Frenet-Serrer（フレネ・セレ）の定理 …………… 264
Gaussの基本定理 ………… 264
KdV方程式 ………………… 252
Lp空間 ……………………… 247
Mainardi-Codazzi（マイナルディ-コダッチ）の式 ………………………… 264
MECE ……………………… 164
P=NP? ……………………… 274
p進体 ………………………… 272
RSA ………………………… 274
Stokes（ストークス）の定理 ………………………… 264
Weingarten（ワインガルテン）の公式 …………… 264

あ

アーベル群 ………… 216, 257
アイゼンシュタイン級数 ………………………… 272
アデール …………………… 272
アトラス …………………… 265
アフィン空間 ……………… 265
誤り訂正符号 ……………… 274
アルゴリズム ……………… 274
暗号理論 …………… 273, 274
位相幾何学 ………………… 266
位相空間論 ………………… 269
位相構造 …………………… 232
位相を入れる ……………… 270
一様連続 …………………… 242
一般線型群 ………………… 257
イデアル …………… 257, 272
伊藤のレンマ ……………… 250
ε-N論法 ………………… 240, 242
ε-δ論法 ………………… 240, 242
岩澤理論 …………………… 272
陰関数定理 ………………… 242
因子分析 …………………… 276
埋め込み定理 ……………… 265
裏の命題 …………………… 71
エラトステネスのふるい … 272
円周角 ……………………… 262
円分体 ……………………… 272
オイラー数 ………………… 267
オイラーの公式 …………… 244
ω-無矛盾 ……………………… 269

か

回帰分析 …………………… 276
開集合系 …………………… 270
外心 ………………………… 262
解析学 ……………………… 240
外点 ………………………… 270
解の一意性 ………………… 252
ガウス曲率 ………………… 264
ガウスの脅威の定理 ……… 264
可解群 ……………………… 259
確率過程 …………………… 250
確率測度 …………………… 250
確率分布 …………… 250, 276
確率変数 …………………… 276
確率論 ……………………… 248
加群 ………………………… 257
可算公理 …………………… 270
可測集合 …………………… 234
型の理論 …………………… 269
"かつ" ……………………… 51
カット除去定理 …………… 269
加法群 ……………………… 216
ガロア群 …………………… 259
ガロア理論 ………………… 257
環 …………………… 256, 257
関数 ………………………… 242
関数解析学 ………………… 246
完全性 ……………………… 269
完備 ………………………… 247
偽 …………………………… 44
幾何学 ……………………… 260
記号論理 …………………… 269
記号論理学 ………………… 40
基数 ………………………… 270
期待値 ……………… 250, 276
帰納的関数 ………………… 269
基本群 ……………………… 267
基本群のホモトピー不変性 ………………………… 267
逆 ……………………………… 67
逆元 ………………………… 211
級数 ………………………… 242
球面幾何学 ………………… 265
脅威の定理 ………………… 263
狭義順序 …………………… 206
狭義全順序集合 …………… 204
狭義の命題 ………………… 38
行列 ………………………… 254
行列の解析的取り扱い …… 256
極限 ………………………… 242
局所座標系 ………………… 265
曲線 ………………………… 264
曲面 ………………………… 264
距離 ………………………… 224
距離関数 …………………… 224
距離空間 …………… 222, 247
距離構造 …………………… 222
空集合 ……………………… 125
区間推定 …………………… 276
鎖写像 ……………………… 267

クラスター分析	276	
群	216, 256, 257	
群論	210	
系	36	
計算量	274	
計算量理論	273	
ゲーデル数	269	
ゲーデルの不完全性定理	269	
結合法則	211	
検定	276	
交換子群	259	
交換法則	211	
広義の命題	38	
合成写像	199	
構成命題	60	
合同	262	
合同式	168	
公理	31	
公理系	32	
コーシー	242	
コーシー条件	252	
コーシーの積分公式	244	
コーシーの積分定理	244	
コーシー＝リーマンの方程式	244	
弧長パラメータ	264	
固定体	259	
コホモロジー	265	
固有値	254	
孤立点	270	
コンパクト	270	

さ

最小2乗法	276	
最尤推定	276	
座標変換	242, 265	
作用素	247	
三角不等式	224	
三段論法	86	
散布図	134	
自己言及のパラドックス	40	
自己同型写像	259	
始集合	175	
実一般線型群	222	
実数体	257	
シムソン線	262	
志村五郎	272	
射影空間	265	
写像	175, 181, 257	
シャノン	274	
集合	125	
集合族	149	
集合の構造	202	
集合論	269	
終集合	175	
重心	262	
重心細分	267	
集積点	270	
重積分	242	
収束	242	
自由変数	100	
主曲率	264	
樹形図	152	
主成分分析	276	
シュレーディンガー方程式	252	
巡回群	259	
順序	204	
順序関係	204	
順序集合	203	
順序数	270	
順序対	172	
準同型写像	257	
準同型定理	257	
条件付き期待値	250	
商集合	168	
商体	257	
証明	85	
証明論	269	
剰余環	257	
剰余類	170, 272	
触点	270	
初等幾何学	260	
初等微積分学	240	
ジョルダン標準形	256	
真	44	
真偽値	44	
真偽表	50	
シンタックス	58	
推移律	161	
垂心	262	
錐複体	267	
推論	87, 269	
数学基礎論	268	
数学的帰納法	95	
数量化	276	
数理論理学	268	
数列	242	
整域	257	
正規拡大	259	
正規直交基底	254	
正規部分群	257	
整級数	242	
整級数展開法	252	
制限	198	
制限写像	198	
斉次型	252	
整数論	271	
正則関数	244	
整列可能定理	270	
ゼータ関数	272	
積多様体	265	
積分	242	
接ベクトル場	265	
線型作用素	247	
線型代数学	253	
線型微分方程式	252	
線型律	205	
全射	185	
全順序集合	205	
全称記号	102	
全称命題	103	
選択公理	270	
全単射	191	
前提条件	90	

索引

全微分 ……………… 242
相関係数の検定 ……… 276
双曲面上の幾何学 …… 265
相似 ………………… 262
双対空間 …………… 257
添字集合 …………… 164
測地線 ……………… 264
測地的曲率 ………… 264
測度 ………………… 234
測度空間 …………… 233
測度構造 …………… 233
素数分布 …………… 272
ソボレフ空間 ……… 247
存在記号 …………… 104
存在命題 …………… 105

た

体 …………… 256, 257
第1基本量 ………… 264
第2基本量 ………… 264
対角化 ……………… 254
対偶 ………………… 76
対偶法 ……………… 88
対称群 ……………… 257
対称律 ……………… 161
代数学 ……………… 253
代数構造 …………… 207
大数の法則 ………… 250
体の拡大 …………… 259
代表元 ……………… 163
楕円関数 …………… 244
楕円面上の幾何学 …… 265
高木貞二 …………… 272
多項式環 …………… 257
多変数微分積分学 …… 242
多変量解析 ………… 276
多面体 ……………… 267
単位元 ……………… 211
単射 …………… 187, 188
単純拡大 …………… 259
単体 ………………… 267
単体近似定理 ……… 267

単体写像 …………… 267
単体複体 …………… 267
単体分割 …………… 267
値域 ………………… 176
チェバの定理 ……… 262
チェビシェフの不等式 … 246
逐次代入法 ………… 252
中間体 ……………… 259
中国剰余の定理 …… 272
抽象複体 …………… 267
中心極限定理 ……… 250
稠密 ………………… 270
チューリング ……… 274
超越拡大 …………… 259
超限帰納法 ………… 270
超関数 ……………… 247
超準解析 …………… 269
直積集合 …………… 172
ツォルンの補題 …… 270
定義 ………………… 33
定義域 ……………… 176
定義関数 …………… 246
定数係数微分方程式 … 252
定数的命題 ………… 47
テイラーの定理 …… 242
定理 ………………… 34
ディリクレ級数 …… 272
データ圧縮 ………… 274
データ圧縮の理論 … 273
デザルグの定理 …… 262
デデキントの判別定理 … 272
点推定 ……………… 276
等温パラメータ …… 264
同相写像 …………… 267
同値 ………………… 78
同値関係 …………… 161
同値類 ……………… 163
独立性の検定 ……… 276
ド・モアブルの定理 … 244
（集合の）ド・モルガンの法則 ……………… 145

（論理の）ド・モルガンの法則 ……………… 80

な

内心 ………………… 262
内積 ………………… 254
内点 ………………… 270
ナヴィエストークス方程式 ……………… 252
ならば ……………… 60
二重否定 …………… 77
ネイピア数 ………… 242
ネター環 …………… 272
熱方程式 …………… 252
ノイマン …………… 274
濃度 ………………… 270
ノルム ……………… 247

は

ハーン＝バナッハの定理 ……………… 247
背理法 ……………… 91
発散 ………………… 242
ハッセ図 …………… 157
波動方程式 ………… 252
バナッハ空間 ……… 247
バナッハ・タルスキーのパラドックス ……… 269
ハミルトンの四元数体 … 257
パリティチェック … 274
（汎）関数 ………… 177
半群 ………………… 216
反射律 …………… 161, 224
半順序集合 …… 204, 205
反例 ………………… 106
否定命題 …………… 49
（集合と集合が）等しい … 144
微分 ………………… 242
微分幾何学 ………… 262
微分形式 ……… 264, 265
微分作用素 ………… 252

286

微分同相写像 ………… 265	補集合 ……………… 129	ラドンニコディムの定理 250
微分方程式論 ………… 250	補題 ………………… 36	ラプラス変換 ………… 252
表現行列 ……………… 254	ほとんど全ての点 …… 246	ラプラス方程式 ……… 252
標準正規分布 ………… 186	母分散の検定 ………… 276	リー群 ………………… 265
標本空間 ……………… 250	母平均の検定 ………… 276	リースの定理 ………… 247
非輪状性 ……………… 267	ホモトピー …………… 267	リーマン多様体 ……… 265
ヒルベルト空間 ……… 247	ホモロジー群 ………… 267	リプシッツ連続 ……… 252
フーリエ変換 …… 247, 252	**ま**	留数 …………………… 244
複素関数論 …………… 243	"または" ……………… 51	類 ……………………… 163
複素数体 ……………… 257	待ち行列過程 ………… 276	類体論 ………………… 272
複素線積分 …………… 244	マルコフ過程 ………… 276	類別 …………………… 165
含まれる ……………… 140	マルコフ性 …………… 250	ルジャンドル記号 …… 272
不等式 ………………… 242	マルチンゲール ……… 250	ルベーグ可測関数 …… 246
不動点定理 …………… 247	マンハッタン距離 …… 231	ルベーグ積分 ………… 244
フビニの定理 ………… 246	無限集合 ……………… 190	ルベーグ測度 ………… 246
部分空間 ……………… 254	無矛盾性 ……………… 269	ルベーグの収束定理 … 246
部分集合 ……………… 141	命題 ………………… 36	ルンゲクッタ法 ……… 252
不偏推定 ……………… 276	命題関数 ……………… 41	挨率 …………………… 264
ブラウン運動 ………… 250	メネラウスの定理 …… 262	レゾルベント ………… 247
分散 …………… 250, 276	モーメント母関数 …… 250	連結 …………………… 270
分散分析 ……………… 276	モデル理論 …………… 269	連結準同型 …………… 267
分離拡大 ……………… 259	元 …………………… 125	連続 …………………… 242
分離公理 ……………… 270	モノイド ……………… 216	連続体問題 …………… 270
ペアノ算術 …………… 269	モンティーホール問題 … 248	ローラン展開 ………… 244
平均値の定理 ………… 242	**や**	ロッサーの不完全性定理
平行線の公準 ………… 262	ヤコビアン …………… 242	……………………… 269
閉集合系 ……………… 270	有界 ……………… 115, 242	論理演算子 …………… 43
ベイズ統計学 ………… 276	ユークリッド原論 …… 262	論理式 ………………… 43
p関数 ………………… 244	ユークリッド互除法 … 272	論理積 ………………… 52
べき根拡大 …………… 259	有限生成アーベル群の基本定理 …………… 257	論理和 ………………… 52
冪集合 ………………… 154	優収束定理 …………… 246	**わ**
ベクトル空間 ………… 254	誘導準同型 …………… 267	和集合 ………………… 137
ヘッセ行列 …………… 242	有理型関数 …………… 244	
ベルヌーイ数 ………… 272	**ら**	
変域 …………………… 100	ライプニッツ ………… 242	
変位レトラクト ……… 267	ラグランジュの未定乗数法 …………… 242	
変数的命題 …………… 47	ラッセルのパラドックス 270	
偏微分 ………………… 242		
包含関係 ……………… 140		
法曲率 ………………… 264		
傍心 …………………… 262		
放物面上の幾何学 …… 265		

著者略歴

大蔵 陽一（おおくら・よういち）

1990年 東京都生まれ。
2008年 埼玉大学入学。
2012年 埼玉大学卒業。
卒業後はロックと数学をテーマに音楽活動を行なう傍ら、数学教室「和」で大人に向けて年間500講義を達成。
2015年 数学なんでもYOROZU屋の代表に就任し、個人向けに通信制の教育、研究者向けの数学指導を行なうサービスを提供。
2019年 株式会社インディゴデータの代表に就任し、法人向けにデータ収集・分析・可視化システムの開発サービスを提供。

大学数学 ほんとうに必要なのは「集合」

2016年 9月25日	初版発行
2022年 11月 7日	第2刷発行

著者	大蔵 陽一（おおくら よういち）
カバーデザイン	角田 有右
本文イラスト	村山 宇希
DTP・本文図版	あおく企画

©Yoichi Okura 2016. Printed in Japan

発行者	内田 真介
発行・発売	ベレ出版 〒162-0832　東京都新宿区岩戸町12 レベッカビル TEL.03-5225-4790　FAX.03-5225-4795 ホームページ　http://www.beret.co.jp/ 振替 00180-7-104058
印刷	モリモト印刷株式会社
製本	根本製本株式会社

落丁本・乱丁本は小社編集部あてにお送りください。送料小社負担にてお取り替えします。
本書の無断複写は著作権法上での例外を除き禁じられています。購入者以外の第三者による本書のいかなる電子複製も一切認められておりません。

ISBN 978-4-86064-489-5 C0041　　　　　編集担当　坂東一郎